材料学シリーズ

堂山 昌男　小川 恵一　北田 正弘
監　修

タンパク質入門
その化学構造とライフサイエンスへの招待

高山　光男　著

内田老鶴圃

本書の全部あるいは一部を断わりなく転載または
複写(コピー)することは，著作権および出版権の
侵害となる場合がありますのでご注意下さい．

材料学シリーズ刊行にあたって

　科学技術の著しい進歩とその日常生活への浸透が20世紀の特徴であり，その基盤を支えたのは材料である．この材料の支えなしには，環境との調和を重視する21世紀の社会はありえないと思われる．現代の科学技術はますます先端化し，全体像の把握が難しくなっている．材料分野も同様であるが，さいわいにも成熟しつつある物性物理学，計算科学の普及，材料に関する膨大な経験則，装置・デバイスにおける材料の統合化は材料分野の融合化を可能にしつつある．

　この材料学シリーズでは材料の基礎から応用までを見直し，21世紀を支える材料研究者・技術者の育成を目的とした．そのため，第一線の研究者に執筆を依頼し，監修者も執筆者との討論に参加し，分かりやすい書とすることを基本方針にしている．本シリーズが材料関係の学部学生，修士課程の大学院生，企業研究者の格好のテキストとして，広く受け入れられることを願う．

監修　　堂山昌男　小川恵一　北田正弘

「タンパク質入門」によせて

　材料学シリーズも26冊目となって，初めて生命科学系のテキストが加わりました．材料学になぜタンパク質が，と不審に思われるかもしれません．また，タンパク質はどうも苦手だという読者も多いかと思います．そのいずれの読者にもこのテキストはお薦めです．

　本書は生命科学系の良質な教養書でもあります．文科系の学生にもお薦めの一冊です．ストーリーテラーとしての著者の力量が思う存分発揮されているからです．

　材料学では単純な構造に機能を結びつけて考える伝統があります．柔軟性に富むタンパク質ですが，意外にも単純な構成要素から成り，各要素間にはなじみ深い物理化学的な相互作用が働いています．材料とタンパク質は見かけ以上に似ていることが分かります．名ガイドの著者に導かれ，実り多いタンパク質科学に第一歩を踏み込んでみませんか．

小川恵一

まえがき

　本書は，生物を形づくる本体材料であるタンパク質を化学構造の側面から見た教科書で，自然科学系の学部二年次から大学院修士課程程度までの学生を対象にしています．もちろん，現代ライフサイエンスに興味をもつ文系学生を含む一般読者の教養書としても役立つよう配慮したつもりです．タンパク質の構造について多く記述されているのは，本書が，横浜市立大学大学院（旧・総合理学研究科）修士課程での「タンパク質構造特論」の講義ノートに基づいているためです．本書の目的は，化学系・物理系の学生に対してはライフサイエンスへの入口として生体高分子の代表であるタンパク質になじんでほしいこと，生物系の学生に対しては分子生物学の基本として分子の化学構造にも目を向けてほしいこと，そして，すべての学生，一般読者に対しては原子や小さな分子の組み合わせから成るタンパク質が，生物の"生きている状態"を維持し機能させ始める最初の物質であることを理解してほしいことです．

　本書には全体を通じて，生物が生きているとはどういう状態を指すのか？生きている状態を維持している仕掛けとはなにか？　といった疑問に対して読者の喚起を促す記述が随所にちりばめられています．この特徴は，第1章と最終の第14章に見ることができます．第1章は，現代ライフサイエンスの源流ともいうべき実験物理学や装置の寄与とそれに関わった科学者たちの歴史に割かれています．そして第14章は，生物の生きていることの不思議が，いかに多くの研究者たちを魅了してきたかについて述べるとともに，生命の科学哲学の入門にも割かれています．両章とも，多忙で熟考する時間の取れなくなる社会人になる前に，学生時代によく考え身につけてほしい教養であると信じています．

　本書の出版を奨めてくださり，原稿を数度にわたり見ていただき多くのコメ

ントをいただきました元横浜市立大学学長・小川恵一先生に厚くお礼を申し上げます．本書のために，特に顔写真のご提供または使用許可をいただきました田中耕一フェロー，ジョン・フェン博士，山下雅道博士，およびマーク・ウィルキンス博士に感謝申し上げます．また(株)内田老鶴圃の内田学氏には終始変わらぬ出版上のご指導をいただき，同社の笠井千代樹氏には図版修正等でお世話になりました．併せてお礼を申し上げます．

2006年1月

高山　光男

目　次

材料学シリーズ刊行にあたって
「タンパク質入門」によせて

まえがき ……………………………………………………………………… iii

第1章　なぜタンパク質か ……………………………………………… 1
1.1　ポストゲノム研究としてのタンパク質への興味 ……………… 2
1.2　すべてはキャベンディッシュから ……………………………… 3
1.3　タンパク質の質量分析イオン化法とノーベル化学賞 ………… 9
1.4　タンパク質の名付け親 ………………………………………… 11

第2章　タンパク質の一生と大きさと形 …………………………… 13
2.1　タンパク質はどこでつくられるか …………………………… 13
2.2　タンパク質はどこで働いているか …………………………… 15
2.3　タンパク質はタンパク質によって分解する ………………… 16
2.4　タンパク質の大きさはナノスケール ………………………… 18
2.5　タンパク質の形はいろいろ …………………………………… 21

第3章　タンパク質は生命を維持する分子エンジン ……………… 23
3.1　タンパク質エンジンが行ういろいろな仕事 ………………… 23
3.2　タンパク質が仕事をしないとどうなるか …………………… 28
3.3　タンパク質エンジンの燃料―アデノシン三リン酸(ATP)― … 29
3.4　生命の駆動力をつくるタンパク質エンジン ………………… 32

第4章 タンパク質とそれを支える生体分子 … 35
4.1 生物は地球が生まれたときの元素を繰り返し利用している … 35
4.2 生物のからだの多くはタンパク質でできている … 38
4.3 脂質―自己組織化する細胞膜分子― … 42
4.4 情報伝達物質―タンパク質と結合するリガンド分子― … 45
4.5 DNA―遺伝情報を担う分子― … 48
4.6 糖質―エネルギー源および異物を検知するアンテナ分子― … 52

第5章 タンパク質がつくられるまで … 57
5.1 セントラルドグマ … 57
5.2 遺伝子とゲノム … 58
5.3 転写とトランスクリプトーム … 60
5.4 スプライシング … 61
5.5 翻訳とタンパク質合成 … 62
5.6 翻訳後修飾とプロテオーム … 65

第6章 タンパク質の観察 … 67
6.1 二次元電気泳動 … 67
 6.1.1 一次元目の等電点電気泳動を支配するのはプロトン H^+ … 68
 6.1.2 アミノ酸の等電点を理解する … 70
 6.1.3 二次元目のSDS電気泳動を支配するのはタンパク質の大きさ … 74
6.2 蛍光顕微鏡 … 76

第7章 タンパク質の立体構造の解析 … 79
7.1 X線結晶構造解析―タンパク質の結晶構造― … 79
 7.1.1 X線について … 79
 7.1.2 タンパク質のX線結晶構造解析小史 … 80
 7.1.3 X線回折 … 80

7.2　核磁気共鳴法―溶液中での構造―……………………………83
　　　7.2.1　タンパク質のNMR構造解析小史………………………84
　　　7.2.2　NMRの原理………………………………………………84
　　　7.2.3　タンパク質の立体構造を決める手順…………………90
　　7.3　タンパク質の溶液中構造と結晶構造の違い…………………93

第8章　インターネットでタンパク質の形を見る……………………97
　　8.1　ホームページにアクセスする……………………………………97
　　8.2　検索結果から必要なタンパク質データを選択する……………98
　　8.3　総合情報メニュー…………………………………………………99
　　8.4　立体構造を見る……………………………………………………100
　　8.5　一次構造と二次構造の情報を見る………………………………103

第9章　タンパク質の階層構造………………………………………107
　　9.1　タンパク質は有機化合物…………………………………………107
　　9.2　タンパク質の階層構造……………………………………………108
　　9.3　タンパク質の折りたたみイメージと関節構造…………………111
　　9.4　タンパク質の性質を決めているアミノ酸………………………113
　　9.5　一次構造から三次構造ができるまで……………………………116

第10章　タンパク質の立体構造と機能………………………………119
　　10.1　タンパク質とリガンドの結合フィッティング…………………119
　　10.2　リゾチーム…………………………………………………………120
　　　10.2.1　リゾチームの三次構造と二次構造………………………121
　　　10.2.2　リゾチームの酵素活性と活性部位の構造………………124
　　10.3　エストロゲン受容体………………………………………………126
　　　10.3.1　エストロゲン受容体のドメイン構造と機能………………127
　　　10.3.2　エストロゲン受容体の活性化と構造変化…………………128
　　　10.3.3　エストロゲン受容体とエストラジオール-17βの結合………131

10.3.4　エストロゲン受容体の立体構造を二次構造に分解する ……132

第11章　タンパク質とリガンドの結合解析 …………………………………**135**
　11.1　結合過程 …………………………………………………………………135
　11.2　各種解析法 ………………………………………………………………136

第12章　二次構造から理解するタンパク質 ………………………………**139**
　12.1　フォールディング ………………………………………………………139
　12.2　αヘリックス …………………………………………………………141
　　12.2.1　アミノ酸の立体化学 ……………………………………………141
　　12.2.2　αヘリックスを形成しやすいアミノ酸 ………………………144
　12.3　βシート ………………………………………………………………144
　　12.3.1　βストランド …………………………………………………144
　　12.3.2　βシートを形成しやすいアミノ酸 ……………………………146
　12.4　ターンとベンド …………………………………………………………147
　　12.4.1　関節構造 …………………………………………………………147
　　12.4.2　ターンとベンドに現れやすいアミノ酸 ………………………149
　12.5　アルギニンはどこにでも現れる ………………………………………149
　12.6　円偏光二色性を使う二次構造の解析 …………………………………150
　12.7　感染性認知症"プリオン病"は二次構造の形成異常が原因 …………152

第13章　タンパク質の同定と質量分析 ……………………………………**155**
　13.1　タンパク質の質量分析 …………………………………………………155
　13.2　タンパク質研究のための質量分析装置 ………………………………157
　　13.2.1　タンパク質イオンをつくるためのソフトイオン化 …………158
　　13.2.2　タンパク質イオンを分離するための装置 ……………………163
　13.3　質量分析情報とタンパク質同定のための入力情報 …………………167
　13.4　質量分析情報を使うタンパク質の同定 ………………………………170

第 14 章　生きているものと生きていること ……………………………175
　14.1　生物は原子でつくられた機械か？―デカルト対ベルグソン― …175
　14.2　生物と生命 ……………………………………………178
　14.3　シュレーディンガーからプリゴジンへ ……………………179
　14.4　生物学の法則 …………………………………………185

参考文献 ………………………………………………………187
人名索引 ………………………………………………………191
用語解説および事項索引 ……………………………………193

第1章
なぜタンパク質か

いまなぜタンパク質なのか．現在のようにタンパク質が明確な構造をもった生体高分子（図1-1）として知られるずっと以前から，すなわち18世紀初頭から，タンパク質は生命の維持に欠かせない重要な物質であることが認められていた．翻って21世紀初頭の現在，科学技術の発展に伴ってタンパク質分子を自由に操れる機器[*1]の出現で，これまで以上に身近にイメージすることのできる精密機械のようなタンパク質像が現れてきた．しかもそれは，生まれ，働き，死んでゆく，人間のような一生を送るタンパク質像である．人間の十億分の一のサイズ（ナノサイズ）にもかかわらず，タンパク質というこの小さな分子エンジンが絶えず機能し続けることによって，平均80年あまりの人間の寿命が維持されているのである．この意味で，タンパク質は究極の生体分子材料である．ここでは，タンパク質が急速にクローズ

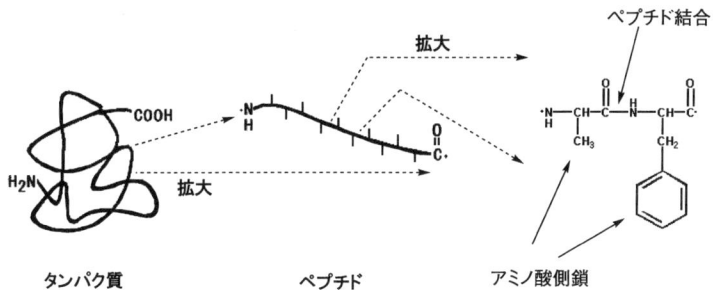

図1-1　タンパク質は，ペプチドと呼ばれる鎖状の分子が長く連なった高分子でコンパクトに折りたたまれた形をしている．ペプチドは，数残基から数十残基のアミノ酸がペプチド結合によって連なった鎖状の分子．ペプチドの鎖からはアミノ酸の側鎖が突き出している．

---

*1　主にX線回折，核磁気共鳴（NMR），質量分析（MS）装置のこと．

アップされてきた背景と，タンパク質の構造研究を可能にした実験物理学の寄与について述べる．

1.1　ポストゲノム研究としてのタンパク質への興味

　ここでいうゲノム研究とは，1990年代初頭に始まった国際組織ヒトゲノムプロジェクトを指す．2000年から2003年にかけて，ヒトの**デオキシリボ核酸**（deoxyribonucleic acid, **DNA**）の**塩基配列**の概略あるいは詳細が決定されたとの報道がなされた．同時にここ数年，さまざまな生物種の塩基配列解析がゲノム解読と称して進行している．こうしたゲノム解読が進行するにつれて，ゲノム研究の後にくる大きな研究テーマとしてタンパク質がクローズアップされてきた．それが，ヒトが生まれてから死ぬまで発現し続けるすべてのタンパク質，すなわちヒトプロテオームの研究である．

　プロテオーム（proteome）とは，タンパク質（prot<u>ein</u>）とゲノム（gen<u>ome</u>）を合わせた造語であり，広義には様々な生物種の一生に関わるすべてのタンパク質，狭義にはある生物種の特定の臓器で**発現**するすべてのタンパク質，あるいは局所的にはヒトの特定の病気に関わるすべてのタンパク質のこと等である．このように，時間的（生物の成長軸）・空間的（特定の大きさをもった臓器など）に限定された領域で発現するタンパク質を網羅的に同定・定量することによって，生物の生きている状態（正常な状態や病気の状態など）をタンパク質レベルで把握することが研究の目的である．ポストゲノム研究としてのタンパク質の網羅的解析の発想は，ヒトゲノムプロジェクトの進行に触発されただけで生まれてきたわけではない．これには，タンパク質やその断片である**ペプチド**を微量で分析できる**質量分析**（mass spectrometry, MS）装置の開発が深く関わっている．1994年，イタリアのシエナで開催された二次元電気泳動会議に出席していたオーストラリアの若い生物学者マーク・ウィルキンス（2005年現在 New South Wales 大学教授）は，生命の本質を知るには遺伝子研究だけでは不十分で，そこから発現してくるタンパク質のすべてを知る（同定する）必要があることを示しプロテオームの概念を提唱した．こ

写真 1-1 プロテオームの提唱者，マーク・ウィルキンス（ウィルキンス博士のご厚意による）．

のときすでに，微量のタンパク質を迅速に同定できる MS 技術が開発されていて，このときからポストゲノム研究が始動し始めた．そして，ゲノム研究との両輪となったプロテオーム研究の隆盛は，2002 年に思わぬ副産物をノーベル化学賞という形で生みだした．このことに触れる前に，実験物理学がいかに現代ライフサイエンスの孵化に役立ったか，そして物理学者の寄与がいかに大きかったかを述べておく．

1.2　すべてはキャベンディッシュから

　1962 年は現代ライフサイエンス，特に遺伝子とタンパク質を中心とした**分子生物学**または**構造生物学**にとって忘れ得ない年である．この年のノーベル医学生理学賞は，DNA のらせん構造を解明したジェームス・ワトソン (1928-)，フランシス・クリック (1916-2004)，モーリス・ウィルキンス (1916-2004) の三氏に授与され，同時にノーベル化学賞はタンパク質の立体構造を解明したマックス・ペルツ (1914-) とジョン・ケンドルー (1917-1997) に授与された．いずれも当時の X 線結晶構造解析を駆使したものであった．これらの偉業は，現代物理学発祥の地ともいえる英国キャベンディッシ

第1章 なぜタンパク質か

写真1-2 DNAのらせん構造を解明したジェームス・ワトソン（(左)下），フランシス・クリック（(左)上）(Watson 他：DNA (2003) p.10 より)[1]，モーリス・ウィルキンス(右)(Watson 他：DNA (2003) p.61 より)[1].

ュ研究所に発している．1974年の段階で，キャベンディッシュ研究所は実に22名ものノーベル賞受賞者を輩出している．

　キャベンディッシュ研究所は，1874年にケンブリッジ大学の実験物理学研究所として設立され，その名は物理学者のヘンリー・キャベンディッシュ (1731-1810) に由来している．ヘンリーが死去した後，その莫大な資産は弟のジョージ・キャベンディッシュに引き継がれ，さらにジョージの孫でもありケンブリッジ大学総長でもあった第7代デボンシャー公爵が，ヘンリーの遺稿とともにケンブリッジ大学に財産を寄付したことが研究所の始まりである．ヘンリーの研究業績である遺稿は，研究所の初代教授であり電磁気学の泰斗であったジェームス・マックスウェル (1831-1879) に託された．マックスウェルは，それまで公表されなかったヘンリーの実験結果のほとんどを追試し終えてから死去したといわれる．

　マックスウェルの死後，1879年にキャベンディッシュ研究所の教授に任命されたロード・レイリー卿 (1842-1919) は電気現象に強い興味を抱き研究所員へも影響を与えた．しかし，私邸の研究所で実験に専念するため1884年には引退してしまった．その後任教授には，1880年にトリニティ・カレッジを卒業して以来キャベンディッシュ研究所で働いていた28歳のジェセフ・ジョン・トムソン（通称 J. J. トムソン，1856-1940) が着いた．J. J. トムソンは数

1.2 すべてはキャベンディッシュから　　5

写真1-3　キャベンディッシュ研究所（Weinberg：電子と原子核の発見（1986）p. 18より）[2]．

写真1-4　ヘンリー・キャベンディッシュ(左)(小山：異貌の科学者（1991）p. 24より）[3]，7代デボンシャー公爵(中央)(Crowther：The Cavendish Laboratory 1874-1974（1974）p. 19より）[4]，ジェームス・マックスウェル(右)(Crowther（1974）p. 33より）[4]．

写真 1-5 ロード・レイリー卿(左)(中瀬：世界化学史 (1924) より)[5] と J. J. トムソン(右)(Thomson：J. J. トムソン (1969) 口絵より)[6].

学的資質の強い研究者であったが，レイリー卿の影響もあって，気体放電で発生する陰極線（後に電子であることが判明）と陽極線（後に正電荷を帯びた種々の原子や分子のイオンであることが判明）の正体解明に尽力した．J. J. トムソンは電子の発見（1897）で 1906 年のノーベル物理学賞を受賞した物理学者であるとともに，気体放電で発生した各種イオンの特性を，その質量 m と電荷数 z との比 m/z（質量電荷比）によって調べる今日の質量分析の生みの親でもある．2002 年度のノーベル化学賞受賞者である田中耕一（1959- ）とジョン・フェン（1917- ）は，タンパク質の質量分析イオン化法の開発者であり，研究分野の歴史からいえば J. J. トムソンの系統の末裔ということになる．

一方，1962 年のノーベル賞受賞対象となった DNA とタンパク質の一連の構造研究を可能にした X 線結晶構造解析は，ウィリアム・ヘンリー・ブラッグ（1862-1942）とその息子であるウィリアム・ローレンス・ブラッグ（1890-1971）によってその方法論が確立された．特に，ローレンス・ブラッグ卿がキャベンディッシュ研究所の教授であった 1938～53 年の間に，ブラッグの助手としてペルツが X 線を使いヘモグロビンの結晶構造の研究に着手し，1946 年にはそこにケンドルーが加わりミオグロビンの結晶構造の研究に着手した．1949 年には，タンパク質の X 線結晶構造解析の研究のために，クリックがペ

写真1-6 ローレンス・ブラッグ卿（Crowther：The Cavendish Laboratory 1874-1974（1974）p. 270 より）[4].

ルツのグループに加わった．さらに1951年には，ワトソンがケンドルーの下でX線回折技術を学ぶためにキャベンディッシュ研究所に入所し，間もなく，DNAの構造を解明するためにクリックと協同研究を始めた．この時期の歴史的な人物往来は，X線結晶構造解析法を確立したブラッグ卿の影響によるところが大きい．

X線は，ドイツのウィルヘルム・コンラッド・レントゲン（1845-1923）が，1895年に放電よる陰極線の研究中，非常に透過力の強い放射線として発見した．この発見の数週間後には，同様に陰極線を研究していたJ. J.トムソンが，X線を使って気体をイオン化できることを発見した．1912年には，理論物理学者のマックス・フォン・ラウエ（1879-1960）が結晶によるX線回折現象を発見した．彼は思いつきで，原子によって散乱されたX線は光と同じように干渉パターンを示すと考えた．同時期，ブラッグ父子も結晶の分子構造解析を始め，ラウエの思いつきを現実のものとするようX線分光器を導入すると同時に，X線回折パターンから結晶中の原子配置を決める方法論を確立

8　第1章　なぜタンパク質か

写真 1-7　レントゲン（左）とラザフォード（右）(Grayson : Measuring MASS（2002）p. 3 より)[7].

し，1915年には共にノーベル物理学賞を受けた．この数年後の1919年，キャベンディッシュ研究所ではJ. J. トムソンに代わり，その弟子であったアーネスト・ラザフォード（1871-1937）が研究所長を務めた．その立場は1937年に急逝するまで続き，ブラッグ卿に引き継がれることとなるが，その間約20年間，キャベンディッシュ研究所は放射線と原子核物理学のメッカであった．

　1895年にX線が発見され，現代分子生物学の礎となったDNAとタンパク質の結晶構造解明までには約半世紀を要した．その間，X線技術が衰退せずに重用されたのは，戦争と医療応用といった皮肉な幸運が続いたためであった．1914年に勃発した第一次世界大戦では負傷兵の外科手術にX線写真が使われ，キャベンディッシュ研究所は科学の戦争応用研究への役割を負うようになった．1918年に終戦を迎えるまで研究所の所長であったJ. J. トムソンは，戦争の最中の1916年，国家中枢への報告の中で，戦争応用技術としてのX線について次のように述べた．"X線は，電気の本性を知ろうとする純粋な科学的探求心の結果として発見されたものであり，身体に撃ち込まれた弾丸の位置を特定するといった応用科学から生まれたものではない"と[6]．X線装置が，タンパク質やDNAの結晶構造解析装置へと発展し，ノーベル賞研究者を輩出できたのは，国を挙げての戦争応用機器として重用されたためと見てもよい事実がここにある．

分子生物学，構造生物学，ゲノム研究，プロテオーム研究など，現代生命科学に連なる共通の源流として，キャベンディッシュ研究所が設立してから100年間の歴史は，まさに21世紀の生命科学が孵化するための礎だったことが理解できる．

1.3 タンパク質の質量分析イオン化法とノーベル化学賞

ある生物種の一生に関わるすべてのタンパク質を同定する計画は，その生物種のゲノム解析が，塩基配列だけでなく遺伝子解析まで終了していれば，同定作業の可能性は大きく広がる．DNA上にコードされた遺伝子部分を見つけるのは難しいことではなく，このゲノム情報をデータベースにして塩基配列をアミノ酸配列に置き換えればよいだけである．しかし，発現したタンパク質を同定するには，部分的な**アミノ酸配列**かまたは**酵素消化**して得たペプチドの質量の集合が情報として必要である．アミノ酸配列情報は，**エドマン分解法**を使って得られるが，微量で多種類のタンパク質試料を迅速に分析するのには向いていない．現実的な手法は，トリプシンなどの消化酵素を使って試料タンパク質を消化分解し，得られたペプチド混合物を質量分析することで各ペプチドの質

写真1-8 ジョン・フェン(左)と山下雅道(右)(フェン博士，山下博士のご厚意による)．

10 第1章 なぜタンパク質か

写真1-9　田中耕一（田中耕一フェローのご厚意による）．

量を決定することである．ペプチドの質量を利用するタンパク質の同定法は**ペプチドマスフィンガープリンティング（PMF）**と呼ばれ，現在，最もよく使われている（第13章参照）．この手法を可能にしたのは，酵素消化によって得られる微量のペプチド混合物を気相イオンにして，その質量電荷比（m/z）を決定する質量分析技術が完成したからである．特に，ペプチドだけでなくタンパク質でさえも，気相中にイオンとして浮遊させることのできるイオン化技術が開発されたために可能になったのである．

タンパク質のイオン化技術の一つエレクトロスプレーイオン化（electrospray ionization, ESI）法は，1984年，ジョン・フェンと山下雅道によって開発された．ESIは，溶液中で高電界によって生成したタンパク質イオンやペプチドイオンを気相中へ噴霧する手法である（第13章参照）．もう一つのマトリックス支援レーザー脱離イオン化（matrix-assisted laser desorption/ionization, MALDI）法は，1987年，田中耕一ら島津製作所のグループがグリセリンとコバルト超微粒子を使ってソフトレーザー脱離（soft laser desorption, SLD）法を発表したことによって端緒が開かれた．MALDIの名付け親は，ミュンスター大学のマイケル・カラスとフランツ・ヒレンカンプであり，彼らの

努力によって現行技術にまで発展させられた．その原理は，レーザー光吸収能のある結晶にタンパク質試料を乗せ，そこにレーザー光を照射して結晶を爆発させながらタンパク質を気相中に吹き飛ばすことである．このときにタンパク質は，空中に浮かび上がりながらイオンになる（第13章参照）．

1994年にマーク・ウィルキンスがタンパク質の網羅解析を思い立ったのは，すでに解析のための道具立てであるESIとMALDIがあったためである．ESIとMALDIを基盤技術として始まったプロテオーム研究は，その後，大手製薬企業を巻き込んだ創薬戦略として急速に成長を続け，学術専門誌まで発刊されるようになった．この新時代のタンパク質研究の急成長が引き金となり，新しい質量分析イオン化法であるESIとMALDIの開発者ジョン・フェンと田中耕一に2002年度のノーベル化学賞が授与されることとなった．

1.4 タンパク質の名付け親

1838年にオランダのゲルハルダス・ヨハネス・ミュルダー（1802-1880）は，論文のなかで"protein"という名称を使った．その由来は，タンパク質が

写真1-10 ミュルダー（左）(Florkin 他：A History of Biochemistry (1972) p.124より)[8]とベルツェリウス（右）(Florkin 他 (1972) p.266より)[8]．

生命維持に本質的に重要な成分であることを認めギリシア語の"proteios"（重要な，第一等のという意味）を当てたことにある．これは，スウェーデンの化学者ジョン・ヤコブ・ベルツェリウス（1779-1848）から示唆を受けたものである．しかし，そのときにはまだタンパク質の本体は知られておらず，ドロドロとしたコロイド状のものであるという程度の認識であった．

第2章
タンパク質の一生と大きさと形

　タンパク質は細胞中で生まれ，それぞれ必要な箇所まで運ばれて働き，消耗した後には分解し，再生のための材料として生まれ変わる．働くタンパク質の大きさは数ナノメートル（nm）程度で，**アデノシン三リン酸**（adenosine triphosphate, **ATP**）を燃料として仕事をする様相はナノマシンまたは分子エンジンである（第3章，3.3節参照）．ここでは，タンパク質の一生を概観すると同時に，その大きさと形について述べる．

2.1　タンパク質はどこでつくられるか

　ここでは，タンパク質が細胞中のどこでつくられるのか述べる（図2-1）．**デオキシリボ核酸**（deoxyribonucleic acid, DNA）からタンパク質がつくられるまでのことを情報の流れという．タンパク質が合成されるまでの情報の流れは第5章で説明する．タンパク質は，細胞中に浮遊するリボソームによって生合成される（図2-2）．リボソームはすべての**細胞**とミトコンドリアそして葉緑体中に存在し，タンパク質の合成工場であると同時に，それ自身も約40％のタンパク質と60％の**リボソームリボ核酸**（ribosomal ribonucleic acid, **rRNA**）からできている．また，リボソームは二つのユニットの複合体であり，その直径は20〜30 nm程度で，通常のタンパク質より少し大きい程度である．細胞中の核内にあるDNAから**転写**されて生成した**メッセンジャーリボ核酸**（messenger ribonucleic acid, **mRNA**）は，核内で**スプライシング**という転写後調節を受けてから，核膜を通過して核外へ輸送される．核外へ出たmRNAは細胞質中に浮遊するリボソームと結合し，タンパク質の合成が開始される．いわば，リボソームはmRNAの塩基配列をタンパク質のアミノ酸配

14　第2章　タンパク質の一生と大きさと形

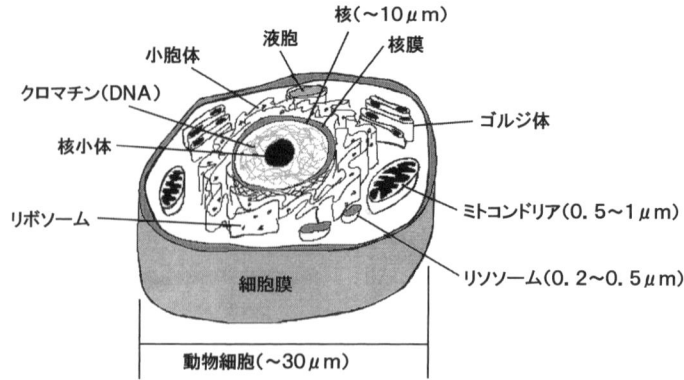

図 2-1　動物細胞．タンパク質は細胞質中のリボソームで合成される．核内にはDNAがあり，そこで転写によってmRNAがつくられる．mRNAは核膜を通って核外である細胞質へ輸送されリボソームへ達する．細胞質にはゴルジ体，ミトコンドリア，リソソーム，小胞体，リボソームなどの細胞小器官が含まれ，全体は細胞膜で包まれている．

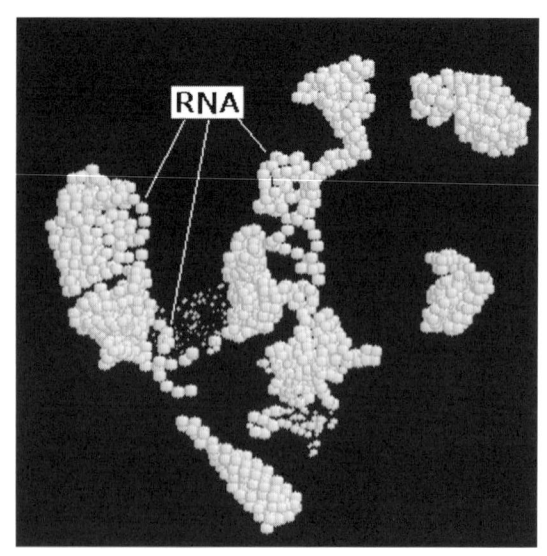

図 2-2　70 S リボソーム．11 個のタンパク質と 3 個の RNA からできている複合体（Protein Data Bank Japan より転載，ID：1EG0）．

列に変換する翻訳合成機械である．リボソームを構成する rRNA は，細胞内に最も多く存在する RNA でもある．

2.2 タンパク質はどこで働いているか

合成されたタンパク質は，それぞれの機能を発揮するために細胞外へ輸送（エキソサイトーシス）され，それぞれの場所で働く．また，外部から細胞内へタンパク質が取り込まれ（エンドサイトーシス），細胞内で働くタンパク質となる（図2-3）．

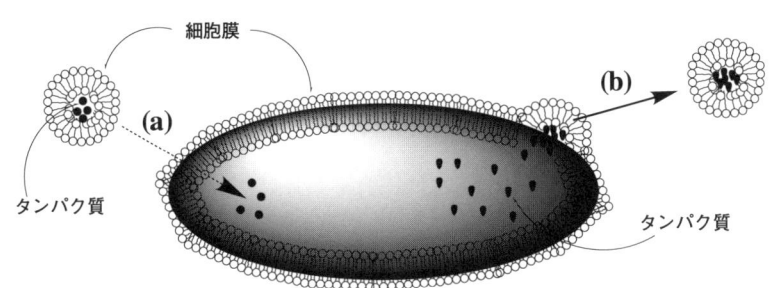

図 2-3 エンドサイトーシス（a）とエキソサイトーシス（b）．細胞膜に包まれて外部から輸送されてきたタンパク質は細胞中に取り込まれ，細胞中で合成されたタンパク質は細胞膜に包まれて外部へ輸送される．細胞膜は，親水性部と疎水性部をもつ脂質分子の二重層によってできている（第4章，4.3節参照）．

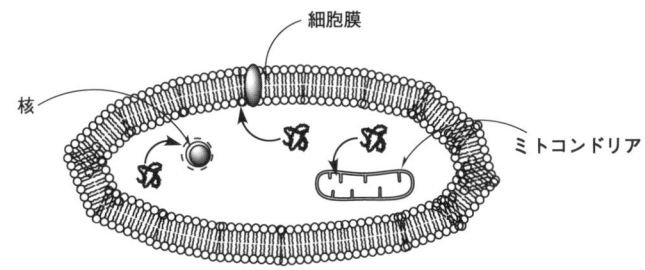

図 2-4 細胞内で生まれたタンパク質は働くべき場所である細胞膜，核，ミトコンドリアなどへ運ばれる．

リボソームでタンパク質が翻訳合成されるときには，大量の化学エネルギーが消費される．そのエネルギー源は，ATPとグアノシン三リン酸 (guanosine triphosphate, **GTP**) の加水分解によって生じる自由エネルギーである（第3章，3.3節参照）．核内で働くタンパク質は，**細胞質**から核膜を通って核内へと輸送される．第10章で述べるエストロゲン受容体は，細胞内で合成された後に，核膜を通過して**核**に取り込まれ機能を発揮するタンパク質である（図2-4）．ATPが合成されるミトコンドリアにも，その細胞膜を通過してタンパク質が輸送される（図2-4）．ここでは**酸化的リン酸化反応**を生じさせるATP合成酵素が働いている．これもタンパク質である．タンパク質は小胞体膜や細胞表面にも輸送され，膜にとどまって情報伝達物質を捕獲する膜受容体タンパク質として働いたり，無機イオンを通過させるチャネルタンパク質として働いたりする．このときタンパク質を働かせている燃料はATPである．それ自身もタンパク質であるATP合成酵素は，**プロトン**H^+の濃度勾配によって生じるプロトンの流れが生みだす自由エネルギーを使って稼働する分子機械であり，その機能は一般的な化学燃料であるATPをつくりだすことである．

2.3 タンパク質はタンパク質によって分解する

細胞内で合成され，輸送されたそれぞれの場所で機能をもって働くタンパク質も，徐々に自然に切断分解したり酸化されたりしてその機能を発揮できなくなる．そうしたタンパク質は**プロテアソーム**で分解される．プロテアソームも細胞中に存在するタンパク質複合体で，その大きさは数十nm程度である（図2-5）．タンパク質の分解は，**小胞体**やリソソームでも行われる．リソソームの膜を通過してタンパク質が輸送され，その内部では数十種類のタンパク質が加水分解酵素として働いていて，機能を終えたタンパク質がこの中へ取り込まれて分解される．小胞体やリソソームで分解されるタンパク質の寿命は，数時間から数週間以上とさまざまである．分解されたタンパク質は，再び生体分子の材料として利用される．

2.3 タンパク質はタンパク質によって分解する　17

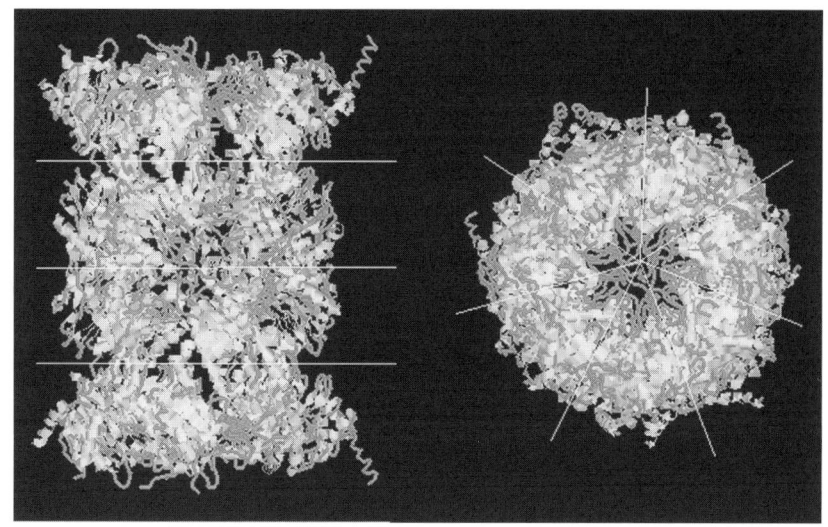

図 2-5　プロテアソーム．同心円状に並んだ 7 個のタンパク質(右)が 4 段に重なって(左)，28 量体の複合体になっている（Protein Data Bank Japan より転載，ID：1IRU）．

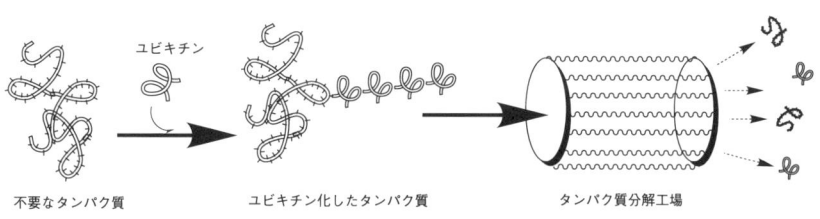

図 2-6　ユビキチン化とタンパク質の分解．

　また，遺伝子情報に従って細胞内で合成されるタンパク質は，すべてが完全な機能をもつような構造にまで至るとは限らない．すなわち，なかにはできそこないのタンパク質になってしまうものもあり，そのようなジャンクは集められて分解する機構も細胞内には備えられている．そのような不要なタンパク質を見つけだして結合するタンパク質をユビキチンといい，その結合体はタンパク質分解工場であるプロテアソームに運ばれて分解する（図 2-6）．ユビキチ

ンは，不要なタンパク質をプロテアソームがつり上げるための目印である．

2.4 タンパク質の大きさはナノスケール

　タンパク質は直接見ることができないため，その大きさを直観的に知ることは難しい．丸くコンパクトに折りたたまれたタンパク質の大きさは，直径で2〜10 nm（nm＝10^{-9} m，ナノメートルは10億分の1メートル）の程度である．動物細胞の大きさ（〜30 μm）と比べて約1/1000程度，ヒトの背丈と比べて約1/1,000,000,000（10億分の1）程度の大きさである．この大きさは生体膜である**脂質二重層**の厚さ（5〜10 nm）の程度と一致する．すなわち，生体膜とタンパク質の関係は"**脂質の海を漂うタンパク質の島**"という比喩がその実体をよくいい表している（第4章，4.3節参照）．生物の単位構造である細胞は細胞膜に囲まれていて，その細胞膜の城壁によって個々の細胞はある程度は独立している．1個の細胞の大きさは生物によってまちまちであるが，大まかにいって長径で数 μm〜数百 μmの範囲にある（図2-7）．すなわち，タンパク質分子に比べて細胞は千倍から百万倍も大きい．

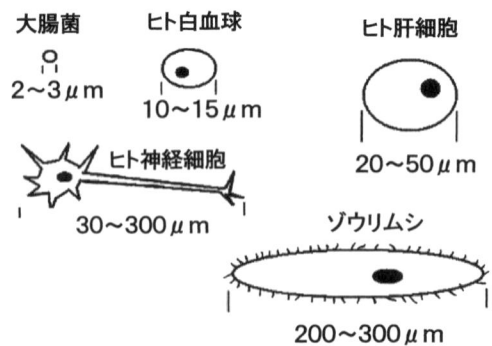

図2-7　いろいろな細胞とその大きさおよび細胞内に含まれる核（黒丸で示した）．真核生物は核膜で仕きられた核（黒丸）をもちその内部の原形質（**核質**）にDNAを含む．大腸菌などの原核生物（単細胞生物）は核膜をもたず原形質の中にDNAを含む．

2.4 タンパク質の大きさはナノスケール

タンパク質の大きさを,身近な水分子の大きさと比較してみる.1 cm 四方のガラス瓶(容積1 cm³)に入っている水を考えてみる.水の密度を1 g/cm³ とすれば,ガラス瓶中の水の重さは1 g になる.一方,水の分子量を18 g/mol とおけば,1 g の水の中には $N_A/18$ 個の水分子が含まれている.N_A はアボガドロ定数($6.022×10^{23}$ mol^{-1})である.このとき,1 cm 四方の水の一辺($1 cm=1×10^{-2}$ m)を,大きさ5 nm($5×10^{-9}$ m)のタンパク質がすっぽり入る大きさまで分割してみる.すなわち,一辺の長さが5 nm の立方体の水を考えてみる.この容積の中には,$(6.022×10^{23}/18)×(125×10^{-27}/10^{-6})=(6.022×10^{23}/18)×(125×10^{-21})=4182$ 個の水分子が含まれていることになる.水分子がこれだけ集まった塊の質量は約75 kDa になる.この値は,おおまかにいって**血清アルブミン**(69 kDa)の質量に相当する.水の密度とタンパク質の密度は異なるので簡単には比較できないが,水分子が4000 個程度集まって塊をつくると,それがタンパク質の大きさに相当するということである(図2-8).

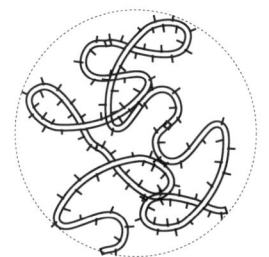 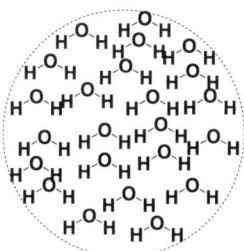

図 2-8 タンパク質1個(左)の大きさは水分子4000個分(右).
一辺が5 nm の立方体の中には水分子が約4000個,この中には典型的な大きさのタンパク質が1個入る.

また,原子の大きさ(0.1 nm)からヒトの身長(1.7 m)までのスケールの中で,タンパク質の大きさの占める位置は,カーボンナノチューブの直径(1 nm)とエイズウイルス(100 nm)の中間あたりである.すなわち,タンパク質は,原子・分子・クラスターといった無生物界と超生物といわれるウイルスなどの生物界との境に位置する巨大分子である(図2-9).

20　第2章　タンパク質の一生と大きさと形

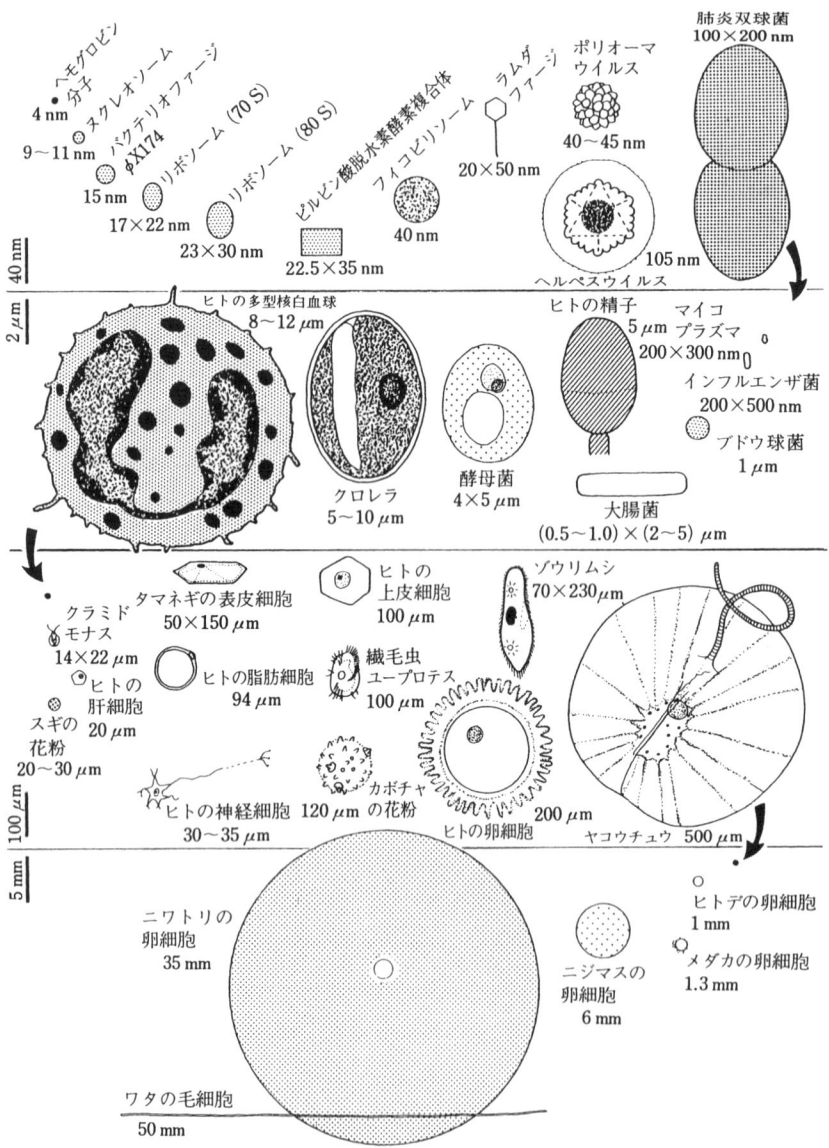

図 2-9　タンパク質（最上段左側）の大きさといろいろな細胞の大きさとの比較（石津 他編：図解 生物学データブック（1986）p.8 より）[1].

2.5　タンパク質の形はいろいろ

タンパク質はその構造と機能に関連した外形を備えている．外形は主として三次構造または立体構造のことである．タンパク質の大きさは生体膜の厚さと同じナノスケールであり，この意味でタンパク質は**働くナノ分子**あるいは**分子エンジン**である．いろいろなタンパク質の大きさと形を，生体膜（脂質二重層）の厚さ，DNA鎖の太さ，**トランスファーリボ核酸**（transfer ribonucleic acid, **tRNA**）の大きさと比較してみる（図2-10）．

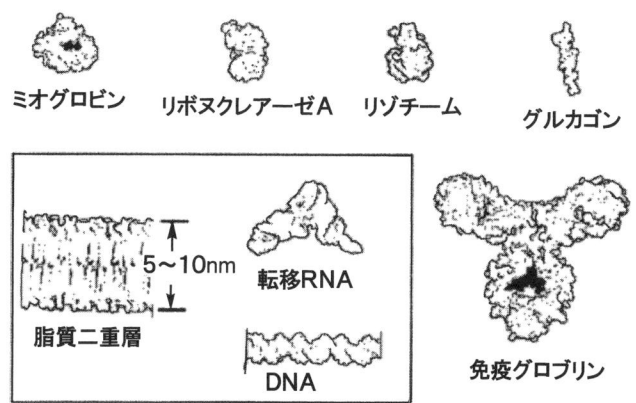

図2-10　いろいろなタンパク質の大きさと形（D. S. Goodsell and A. J. Olson : Soluble Proteins : Size, shape and function. Trends Biochem. Sci., **18** (1993) 65 より改変）．

また，タンパク質の形が二次構造の折りたたみからできていることを示す好例を以下に示す（第9章および第12章を参照）．膵臓に散在するランゲルハンス島から分泌される**ホルモン**であるグルカゴンは二次構造だけからなり，三次構造をもたない．その二次構造の形は，1本のバネのようである（図2-11）．一方，動物の筋肉組織にあって酸素の貯蔵機能をもつヘムタンパク質であるミオグロビンは，バネのようなαヘリックスが何本か折りたたまれて立体構造を形成している（図2-12）．その大きさは3.5 nm程度である．

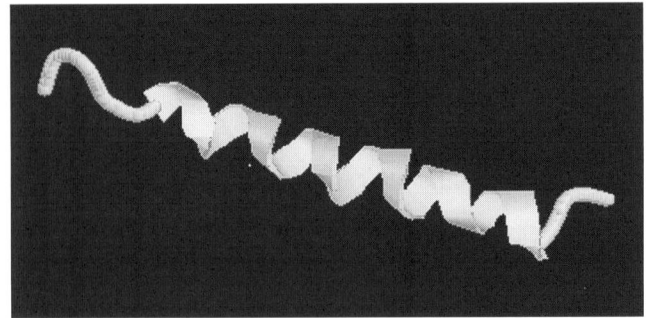

図 2-11 グルカゴンの形(Protein Data Bank Japan より転載, ID: 1GCN).

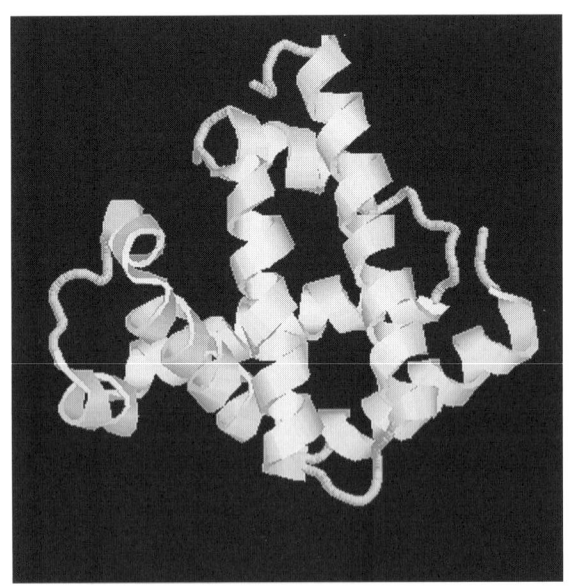

図 2-12 ミオグロビンの形(Protein Data Bank Japan より転載, ID: 1AZI).

第3章
タンパク質は生命を維持する分子エンジン

　生物の生きている状態は，タンパク質という分子エンジンが絶えず仕事をすることによって維持されている．起きているときも寝ているときも，分子エンジンは絶えず働き続けている．静止しているときでも，生物は生存に適した行動をとるために，その置かれている環境を各種センサーによって認識し分析している．視覚，聴覚，嗅覚，味覚，触覚などの機能をもつ感覚受容器は環境認識センサーであり，そのセンサーは生きている限りタンパク質の働きによっていつでもオンの状態にある．ここでは，分子エンジンとしてのタンパク質が行っている仕事について述べる．

3.1　タンパク質エンジンが行ういろいろな仕事

　直観的に理解しやすいのは，我々が床にある物を持ち上げるときの仕事である．この場合，力学的な仕事の定義にもよく合っている．また，牛や馬が荷車を牽いて坂道を上るときにも仕事をしている．このように目に見える巨視的な運動自体も仕事には違いないが，実は微視的に見ると，筋肉を構成するタンパク質がエンジンのように駆動して仕事をしているのである．生物が移動したり，手足や顔を動かしたり，心臓が拍動したり，消化器官の蠕動運動，細菌の鞭毛運動等々，およそ動きのあるところには運動に関わるタンパク質であるミオシン，アクチン，キネシン，ダイニン，フラジェリンなどが，アデノシン三リン酸（adenosine triphosphate, **ATP**）やグアノシン三リン酸（guanosine triphosphate, **GTP**）あるいはプロトン濃度勾配を自由エネルギー源として仕事をしている（図3-1(a)〜(c)）．これらのタンパク質は，**自由エネルギー**の供給によりその形を変形しながら仕事をしている．これらのタンパク質をま

24 第3章 タンパク質は生命を維持する分子エンジン

とめて分子エンジンまたは分子モーターということがある．
　例えば，図3-1(a)(b)(c)に示すような分子エンジンとして働くいろいろなタンパク質がある．

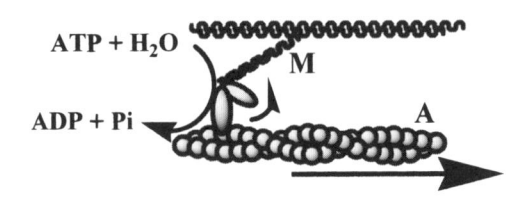

図3-1(a)　筋肉を収縮させるアクチン・ミオシン系．ATPの加水分解により，ミオシン（M）の頭部が変形しながらアクチン（A）をたぐり寄せる．ミオシンMの頭部にはATPを認識して結合する部位があり，その部分がATPの加水分解酵素になっている．加水分解の際，ATPがミオシンと結合しながらADPとPiに離れてゆくときに収縮のための力学的力が発生する．

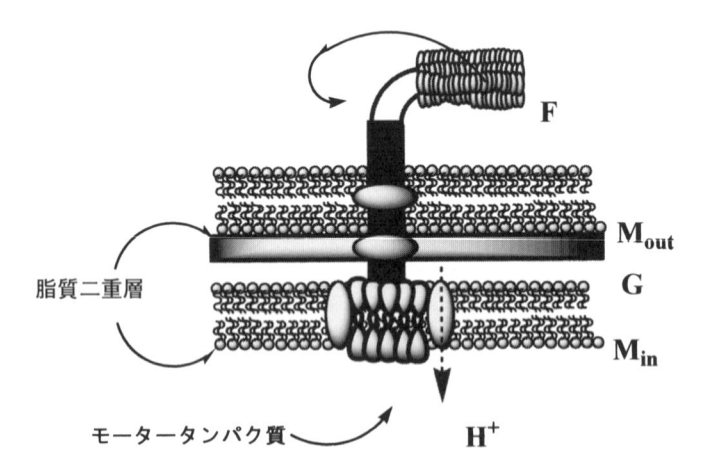

図3-1(b)　鞭毛を回転させるフラジェリン系．外側の細胞膜M_{out}（脂質二重層）から上部へ突出している鞭毛（F）が回転する．鞭毛Fはフラジェリンというタンパク質が重合してできている．回転するFの軸は内側の細胞膜M_{in}まで伸びモータータンパク質に接合している．外側と内側の膜の間にはペプチドグリカン（G）という糖鎖とペプチドの結合したポリマーがあり，細胞壁を形づくっている．プロトンの濃度勾配により内側の膜M_{in}を貫通するようにH^+が流れ，そのときに放出される自由エネルギーを使ってモータータンパク質を駆動し軸が回転する．

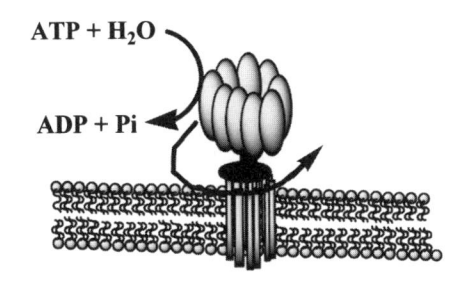

図 3-1(c) 回転する ATP 合成酵素系．ATP の加水分解により細胞膜に埋め込まれた ATP 合成酵素が回転する．

　我々のデスクワークもその名の通りまさに仕事である．その仕事は，必ずしもペンを走らせたりパソコンのキーボードをたたいたりといった運動ではなく，文字を読んだり議論したりすることである．もちろんこの種の仕事は力学的な仕事の定義とは合わないが，自由エネルギーを仕事に変換するといった熱力学の定義とは矛盾しない．書類の文字を読み理解したり会議で討論したりするには，基本的には視覚と聴覚が正常に機能していなければならない．正常な機能とは，環境認識センサーとしての感覚受容器と神経伝達を可能にする神経系が機能しているという意味である．

　感覚受容器から入った外部刺激（光，化学物質，接触など）は，どれも**神経細胞**において電気信号に変換され，電気的な神経伝達が起こる．この電気信号に変換されるという過程が大事なのである．すなわち，外部刺激が電気信号に変換されるには，神経細胞の内外でナトリウムイオン Na^+ またはカリウムイオン K^+ の濃度差が維持され，外部刺激に対して感受性の高い状態になっていなければならない．神経細胞では，外側で Na^+ イオンの濃度が高く，内側で K^+ イオンの濃度が高い．このイオンの濃度差が，刺激によってその濃度差をなくす方向に受動的なイオンの流れを生じさせる．特に，刺激によって細胞膜に Na^+ イオンの通り道ができ，そこから Na^+ イオンが細胞膜の内側へ流入するときに活動電位が発生する（図 3-2）．活動電位は一過性の現象であるが，それが神経細胞の**軸索**に沿って次々と伝搬してゆく．これが，神経細胞の軸索

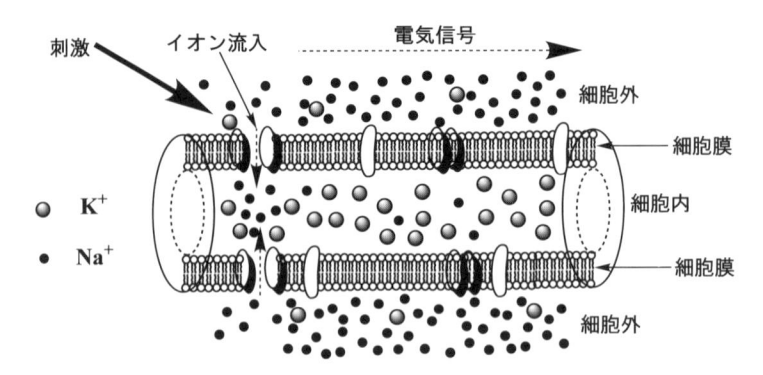

図3-2 神経細胞の外側にはNa$^+$イオンが多く，内側にはK$^+$イオンが多い．神経細胞に刺激が加わると細胞膜にあるイオン輸送のためのチャネルが開き，細胞内にNa$^+$イオンが流入する．このときチャネル部分には一過性の活動電位が発生するが，その影響は軸索に沿って伝搬し電気信号になる．チャネルもまたタンパク質でできている．

に沿って生じる電気信号である．活動電位自身はイオン流といった実体を伴った物理現象であり，生きていることやタンパク質の機能とは関係ない．しかし，細胞内外にイオンの濃度差を維持し，刺激に対して感受性を高めておくには，イオンの濃度差のない状態（平衡状態）から濃度差のある状態（**非平衡状態**）に，絶えずイオンをポンプアップしている必要がある．このポンプアップの仕事を，細胞膜にあるタンパク質が行っているのである．このタンパク質のことをNa$^+$/K$^+$ポンプまたはNa$^+$/K$^+$-ATPase（エイティーピーアーゼと読む）といい，ATPの加水分解酵素であると同時に，ATPの自由エネルギーを使ってイオンポンプとして働いている（図3-3）．我々が五感の感覚受容器を使ってデスクワークをしているとき，本当に働いているのは，神経系を生きている状態に保っているイオンポンプというタンパク質である．このイオンポンプのお陰で，ヒトは起きているときも寝ているときも環境認識センサーをオンの状態にしておき，地震や火事などに逃げ遅れないように行動できるのである．

　タンパク質エンジンを稼働させている主要な燃料であるATPもまた，タン

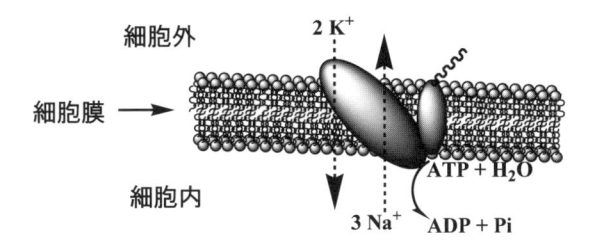

図3-3 イオンポンプ Na^+/K^+-ATPase は環境認識センサーを常時オンにしておく。細胞膜に埋め込まれたイオンポンプは，膜の外側から内側へカリウムイオン K^+ を汲み上げ，内側から外側へナトリウムイオン Na^+ を汲みだし，各イオンの濃度差を維持している．

パク質の働きによって合成されている．ATP が加水分解を受けるとき，アデノシン二リン酸（adenosine diphosphate, ADP）と無機リン酸（inorganic phosphoric acid, Pi）が生成する他に，31.4 kJ/mol の自由エネルギーが放出される．

$$ATP + H_2O \longrightarrow ADP + Pi \qquad (3.1)$$

この自由エネルギーがタンパク質エンジンを稼働させるために使われる．化学燃料である ATP を合成するには，上の反応を逆に進める必要がある．ATP を合成するこの逆反応は酸化的リン酸化と呼ばれ，細胞内にあるミトコンドリアの中で起こる．ATP を合成する ATP 合成酵素は H^+-ATPase と呼ばれ，ミトコンドリアの内膜に埋め込まれているタンパク質複合体である（図3-4）．このタンパク質複合体エンジンは，ミトコンドリア内膜の外部から内部へプロトン H^+ が移動するときに働き，ADP と Pi から ATP を合成する．この複合体エンジンを動かす燃料の実体は，プロトンの濃度差によって輸送されるプロトン H^+ そのものである．実はミトコンドリアには，内膜の内外にプロトン濃度の差をつくりだすプロトンポンプの機構も備わっていて，それを駆動するエネルギー源をつくりだす機構の起源は，酸素を取り込む我々の呼吸なのである．ミトコンドリア内膜の内外でのプロトン濃度の差は，神経細胞におけるイオン濃度の差と同様に，生きている状態を特徴づける非平衡状態のことである．一般的にいえば，多くのタンパク質エンジンは，**化学ポテンシャル μ の**

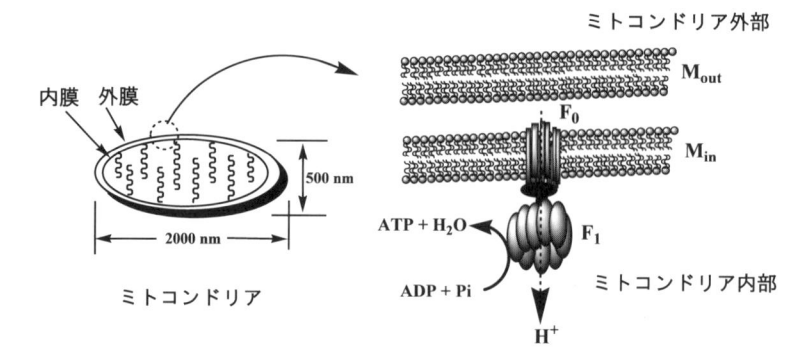

図 3-4 ミトコンドリアの内膜に埋め込まれた ATP 合成酵素．ミトコンドリアの外膜 M_{out} と内膜 M_{in} の間から内部へ向かってプロトン H^+ が流れ込む．このときの自由エネルギーを利用して ATP が合成される．

差 $\Delta\mu$（**化学親和力**）を駆動力にして働き，さらにタンパク質エンジンの稼働は別の $\Delta\mu$ をつくりだすといった連鎖がある．そして，$\Delta\mu$ が維持されていることが，生きている状態を特徴づけているといえる（3.4 節参照）．

3.2 タンパク質が仕事をしないとどうなるか

タンパク質は化学エネルギーを使って働いている．その燃料は ATP であったりプロトン（正確には濃度差）であったりする．また，ATP 自身もプロトン濃度差もタンパク質の働きによってつくられる．また，タンパク質が合成されるときにも多量の ATP あるいは GTP が消費される．もしタンパク質が合成されても，エンジンとして働く機能を持ち合わせていなかったり，合成の間違いで不良品だったりした場合，以下の現象が起こるだろう．
1) 筋肉の収縮が起こらず運動ができない．
2) 神経細胞にイオン濃度が形成されないので情報伝達ができない．
3) ATP が合成されない．

このような状態では，生物は生きているとはいえない．つまり，タンパク質が働かなかったら生物は死んでしまうのである．特に，ATP が合成されなかっ

たら，燃料のない自動車，電池のないクオーツ時計，電源のない家電機器，そしてATPのないタンパク質ということになり，役に立たないものになってしまう．

3.3 タンパク質エンジンの燃料
　　　　ーアデノシン三リン酸（ATP）ー

　生命は，タンパク質が仕事をすることによって維持されている．そのタンパク質エンジンを動かしている主要な燃料は，**アデノシン三リン酸**（ATP）である．そして，その燃料ATPをつくりだしているのもタンパク質である．先に述べたように，ATPをつくりだすタンパク質であるH^+-ATPaseは，プロトンH^+濃度の差（非平衡）が生みだすプロトンの流れを利用して働いている．そして，そのプロトン濃度の差は，呼吸鎖と呼ばれる一連の酸化還元反応による電子伝達系の働きによって形成される．この電子伝達に携わって働いているのが，**シトクロム**と呼ばれる一群のタンパク質である．代表的なシトクロムには，電子供与体であるシトクロムcや多種の酸化反応を触媒するシトクロムP-450がある（図3-5）．ATP合成の最上流にあるエネルギー源が呼吸である．

　ATPとH_2Oの組み合わせはATPの加水分解を生じさせ，ADPと無機リン酸（Pi）を生成する（(3.1)式参照）．この反応は化学ポテンシャルμの下り坂反応で，その化学ポテンシャル変化$\Delta\mu$はマイナスの値（-31.4 kJ/mol）をもつので熱力学的には自発的に進行する．

$$\Delta\mu = \mu_2 - \mu_1 \tag{3.2}$$
$$\mu_1 = \mu(ATP) + \mu(H_2O) \tag{3.3}$$
$$\mu_2 = \mu(ADP) + \mu(Pi) \tag{3.4}$$

この反応において，安定な平衡状態2（ADP+Pi）に対して，化学ポテンシャルの高い状態1（ATP+H_2O）は，常に安定な方向に変化する可能性をもつ非平衡状態であり，化学反応の駆動力である化学親和力をもつ状態である．ATPからADPへの構造変化は簡単に表されるが（図3-6），ATPの加水分

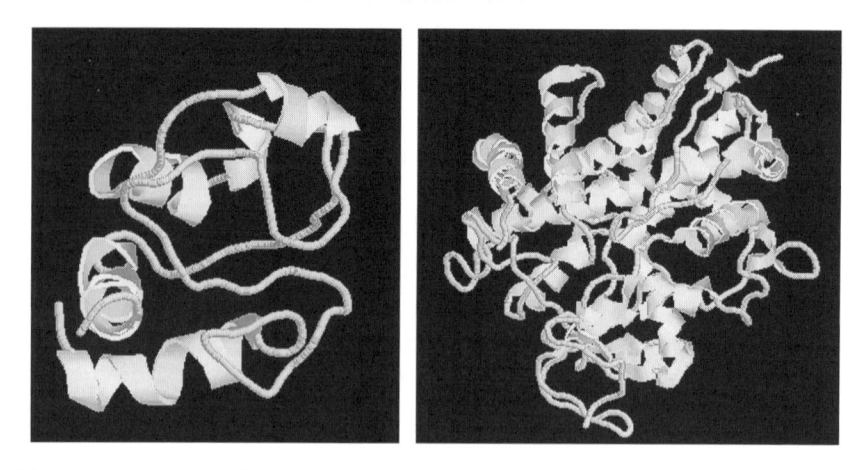

30　第3章　タンパク質は生命を維持する分子エンジン

図3-5　シトクロム c (左)(Protein Data Bank Japan より転載，ID：1AKK) と P-450 (右)(Protein Data Bank Japan より転載，ID：1DT6).

図3-6　ATP の加水分解反応．タンパク質は，化学ポテンシャル μ の下り坂反応で放出される自由エネルギー $\Delta\mu = \mu_2 - \mu_1$ を利用して仕事をする．

解の機構は複雑な酵素反応である．すなわち，ATP を燃料として働くタンパク質には，ATP の塩基部位であるアデニンを特異的に認識する部位があると考えられ，末端のリン酸基とも結合する部位があり，いったん ATP とタンパク質の複合体を形成してから逐次的に分解反応が進行する．

 ATP の加水分解が多量の自由エネルギーを放出する機構については，多くは，3 個のリン酸の水酸基 P-OH がイオン解離し P-O$^-$ になるため，負電荷による静電的な反発のエネルギーが生じるためであると説明される．しかし，多くの生体反応に関与する ATP の加水分解の機構の詳細は解明されていない．ATP のリン酸は溶液中では強い酸性を示しイオン解離していると考えられるが，実際にはマグネシウム 2 価イオン（Mg^{2+}）と複合体を形成し中性化して安定に存在している．複合体の安定性のために ATP の加水分解の反応座標上にはエネルギー障壁（energy barrier）があり，図 3-6 のように簡単には進まない．そのエネルギー障壁を低下させ加水分解を進めさせるのは，ATP と結合して分子モーターになるタンパク質である．それらのタンパク質は ATP と結合し，エネルギー障壁を低下させる酵素の機能をもっている．ATP と Mg^{2+} の複合体がタンパク質と結合すると，水の存在下で速やかに ATP の加水分解が起こることが知られている．この際，タンパク質の ATP 受容部位と ATP，そして水分子（オキソニウムイオン H_3O^+ やヒドロキシドイオン HO^- も存在）や Mg^{2+} などの他の原子・分子・イオン間でさまざまな相互作用が起こる可能性がある．特に，タンパク質やペプチドには種々の金属イオン（Na^+，K^+，Ca^{2+}，Zn^{2+} など）と結合する能力があり，その親和力もさまざまである．したがって，ATP と Mg^{2+} の複合体がタンパク質に結合すると，Mg^{2+} イオンはタンパク質側に移行し ATP の不安定化と加水分解が進行することが考えられる．ATP の加水分解の自由エネルギーを利用して働く分子モーターの機構の解明が，熱力学的考察だけでは進まない理由がここにある．以上のように，比較的長い歴史をもつ分子モーターの研究における ATP の加水分解の機構には，まだ解決すべき多くの問題が残されている．

3.4 生命の駆動力をつくるタンパク質エンジン

タンパク質の重要な機能の一つは，細胞膜を介してイオンの濃度差をつくったり，ATPを合成して化学ポテンシャルの高い状態をつくったりして，非平衡状態をつくりだすことである．すなわち，働くタンパク質は，化学的には化学ポテンシャル（または自由エネルギー）の低い状態から高い状態をつくりだすポンプの役割をしている．呼吸から始まり，電子移動とプロトンのポンプアップ，プロトン輸送とATP合成，ATPの加水分解反応とイオンのポンプアップ，イオン輸送と神経伝達，ATP加水分解反応と筋収縮，そして筋収縮から呼吸運動へと再び呼吸鎖へ還る．これら連鎖の各々は，平衡状態に向かって自発的に進む変化が，別の**非平衡状態**をつくりだす仕事過程と連鎖（**共役**（coupling）ともいう）していることが特徴である．非平衡状態をつくりだすために連鎖の機構を受け持ち，仕事をしている分子エンジンがタンパク質なのである．生体内では，多くの自発的過程が仕事過程と共役していて，その各々の共役過程がいくつも連鎖的に連なり，簡単には平衡状態（死の状態）に落ち込まないようにできている．タンパク質は，生体を構成する微小な分子エンジンとして共役の機構を支えると同時に，常に働いて変化の駆動力をつくりあげているのである．イオンの濃度差やATPの化学親和力は変化の駆動力であるとともに，生命の駆動力でもある．生命の駆動力を機械式時計のゼンマイに当てはめてみると，ゼンマイを巻き上げた状態は，イオンの濃度差やATPの化学親和力がある状態に相当する．ゼンマイは単にほどけてゆくだけではなく，途中で多くの歯車の回転やテンプルの往復運動と共役しながら最終的に短針と長針を回転させ，時刻を表示してくれる（図3-7）．すなわち，巻き上げられた機械式時計のゼンマイは，簡単にはほつれた平衡状態には戻らず，長時間かけてほつれてゆく過程で仕事をしている．この仕事過程の複雑さが，バネが伸びきるのに要する時間を決め，時計の機能を長期（バネが伸びきるまで）に維持しているのである．

3.4　生命の駆動力をつくるタンパク質エンジン　　33

図3-7　ゼンマイで動く機械式時計の個々の働く歯車部品．生物では，歯車の一つ一つが働くタンパク質に相当する．どちらも寿命をもつが，時計では部品交換により，生物では自動的なタンパク質の発現により補給される．

第4章
タンパク質とそれを支える生体分子

　生物が多くのタンパク質からできていて，その働きによって生命が支えられているのは明らかである．しかし，タンパク質という生体材料だけでは生命は維持されず，協同してタンパク質の働きを支えている多くの生体分子が存在する．それらの生体分子は，生命を維持するためにそれぞれの役割を負って機能する生体材料である．生物をつくりあげている材料のほとんどは有機化合物であり，その特徴は，絶えず合成され，機能を果たし，分解してゆくといった積極的な寿命をもち，自動的に再生産されることである．積極的な寿命をもって再生産する基本構造は，設計概念からいって金属材料やエレクトロニクスで稼働するロボットや機械とは基本的に異なっている．生命を維持し機能している生体材料の中には，電子，陽子（プロトン），各種金属イオンなど，地球創成以来ずっと使われ続けてきた基本粒子や無機物も含まれている．さらに，炭素，水素，酸素，窒素，硫黄，リンなどの元素は，生命を維持するために機能している生体分子の分解再生産のサイクルの中で繰り返し利用され続けてきた．生物は，元素のリサイクルを自動的に行っているのである．

4.1　生物は地球が生まれたときの元素を繰り返し利用している

　生物は，地球の誕生以来変化し続けてきた自然環境の下で，単純な原子や分子からやや複雑な分子であるアミノ酸や塩基が合成され，それらが鎖状分子となったタンパク質や核酸などに分子進化して生まれてきたものである．さらに，環境変化に応答する形で進化を繰り返してきた．
　いまから46億年前，宇宙のなかである一つの星間雲の収縮が始まり，太陽

とともに太陽系星雲ができはじめた．そのときに高密度で煮えたぎるガス状の塊である地球も形成された．そのときの地球は6000気圧，5000℃にも達し，そのなかには多量の水素（H）とヘリウム（He）が含まれていた．これらの原子は，高温状態ではプラズマ状態にあり，電子e^-と**プロトン**H^+などの原子イオンとして存在していた．45億年前には4000℃まで冷えて表面が固体状になった地球が現れ，原始地球表面の大気中には水素，ヘリウムのほかに酸素（O），窒素（N），ネオン（Ne），炭素（C），ケイ素（Si），マグネシウム（Mg），鉄（Fe），イオウ（S），アルゴン（Ar）なども存在していたと考えられている（図4-1）．その90％以上が水素とヘリウムであった．さらに温度が下がると，地球表面には水素分子（H_2），窒素分子（N_2），水分子（H_2O），二酸化炭素（CO_2），メタン（CH_4）などの単純な分子が生成し始めた．これら初期に生成していた重原子（鉄より重い原子をさす）や分子の多くは，現在の生物を構成する原材料と一致する．しかし，このときにはまだ気体状態での酸素分子（O_2）はわずかしか生成しておらず，海水中で原始生物が光合成を行うようになって大量発生するまで待たなければならなかった．

　38億年前までには，地球表面は水の臨界温度（374℃）以下まで冷え，水分子が凝縮してできた水圏が形成され，その中に原始生物が生まれてきた[*1]．すなわち，45億年前から38億年前までの7億年の間に，原子は単純な分子になり，それら分子が太陽光からの紫外線を受けて反応し，ホルムアルデヒド（H_2CO）やシアン化水素（HCN）など，生体分子の原初材料分子が合成された．そして，生物の原初材料分子からアミノ酸や塩基，脂質などの生体に関連する有機化合物が合成された（塩基や脂質については本章後半で詳述）．さらに脂質から生体膜構造などが形成され，アミノ酸や塩基からはタンパク質や核酸などの生体高分子が合成されることによって，原始生物にまで化学的に進化したのである（図4-2）．ヒトを含め，現在地球上に生存している生物は，すべて45億年前に地球大気中に存在していた原子からできていて，38億年前以来，それらは繰り返し再生・利用されているのである．

[*1] 地球上に最初に生命が現れた時期は35億年前とも40億年前ともいわれるが，信憑性のある化石などの証拠は少ない．

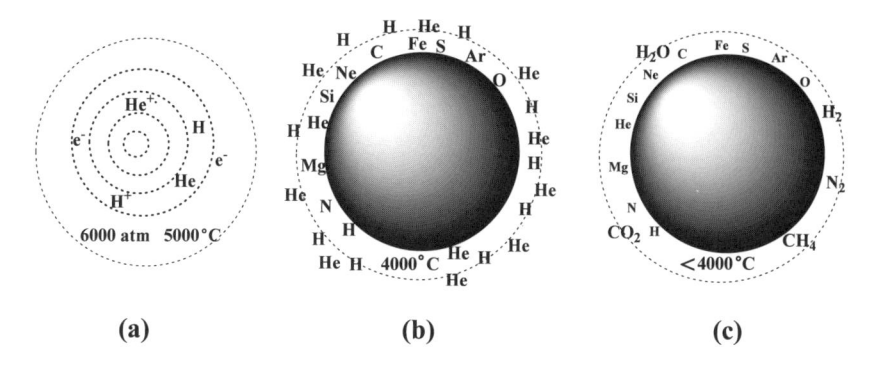

4.1 生物は地球が生まれたときの元素を繰り返し利用している　37

図4-1 地球の誕生から原子・分子の生成まで．
（a）46億年前，太陽系に濃いガス状の地球が生まれ，（b）45億年前に固体状の地球表面が現れ，表面大気には各種原子が生成した．（c）さらに冷却とともに原子は分子になった．

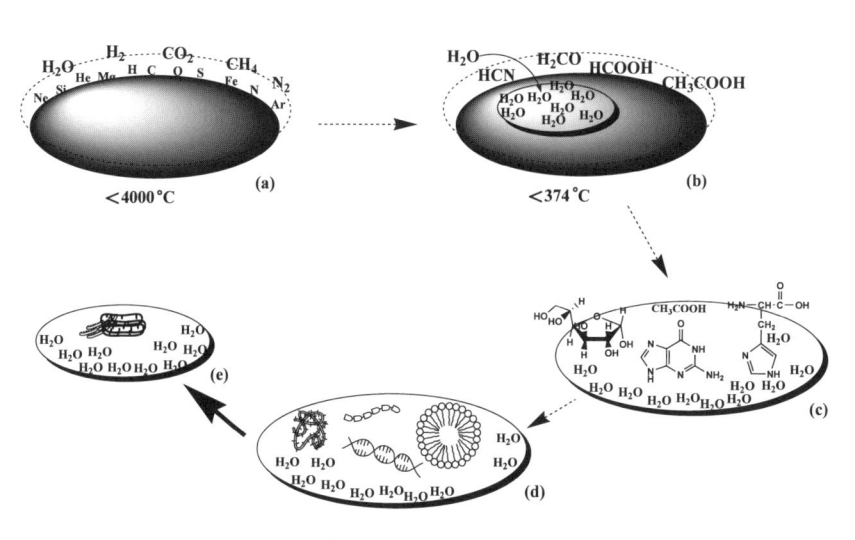

図4-2 水圏の発生．
（a）固体状地球表面に海のもととなった（b）水圏ができ，そのなかに生命の基本分子である（c）アミノ酸や塩基や脂質などができ，（d）生体膜や核酸やタンパク質に進化し，（e）38億年前には原初生命が生まれた．

4.2 生物のからだの多くはタンパク質でできている

ヒトを例にとると，その外形は骨格によって決まっている（図4-3）．外形を形づくる骨組み材料である骨は，結合組織の一つに分類され，膠様質の有機成分と石灰質の無機成分からなる．無機成分は骨の60%近くを占め，その成分はおもにリン酸カルシウム $Ca_3(PO_4)_2$（85%），炭酸カルシウム $CaCO_3$（10%），リン酸マグネシウム $Mg_3(PO_4)_2$（1.5%）である．これらはリン（P），酸素，水素，炭素，カルシウム（Ca），マグネシウムなどの元素からつくられている無機分子である．

一方，有機成分の95%は**コラーゲン**と呼ばれるタンパク質である．他にコラーゲンとよく似た性質の**スポンギン**と呼ばれるタンパク質も含まれている（図4-4）．コラーゲンは，体内の総タンパク質の実に30%以上を占めている

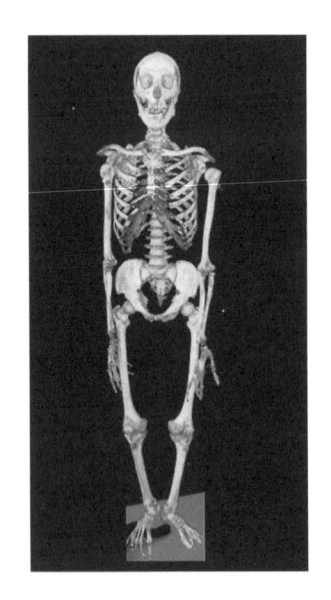

図4-3 生物の外形を決めている骨格もタンパク質でできている（写真は横浜市立大学医学研究科・澤田元博士のご厚意による）．

4.2 生物のからだの多くはタンパク質でできている　　39

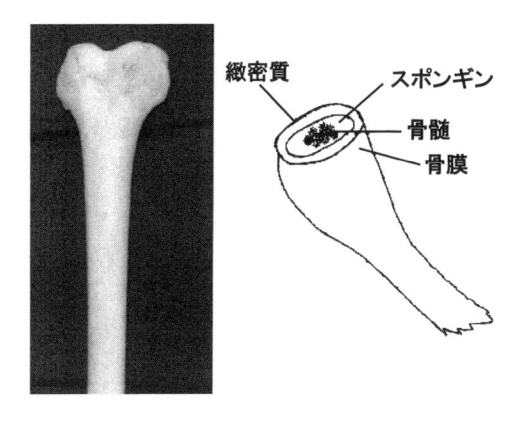

図4-4　骨はコラーゲンやスポンギンと呼ばれるタンパク質でできている（写真は横浜市立大学医学研究科・澤田元博士のご厚意による）．

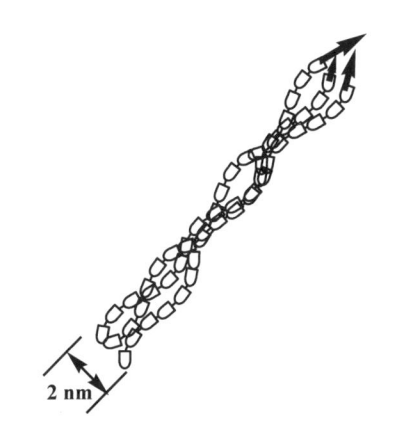

図4-5　骨格や身体の外形を保っているコラーゲンはらせん構造で強靱．

（図4-5）．骨の表面は緻密で堅牢であるが，内部は高強度で弾力性に富むスポンギンからなり，中心部には造血のための骨髄があり血管が通っている．骨の周囲には骨膜と呼ばれる二層からなる結合組織があり，その膜内には多くの血管や神経細胞がある．その外層はコラーゲンからなる膠原繊維である．

　骨膜の周囲は，運動のための筋肉で覆われている（図4-6）．筋肉は，動物の特徴である運動に直接関連した細胞組織であり，動物が生きているか死んで

40　第4章　タンパク質とそれを支える生体分子

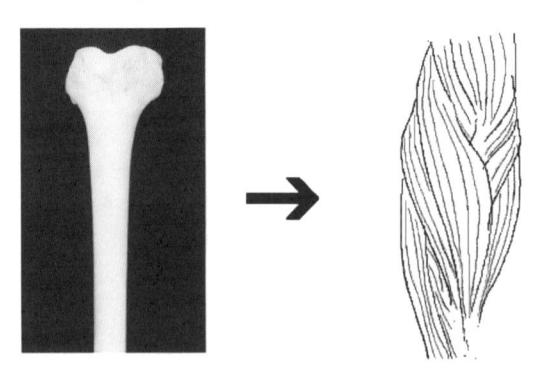

図4-6　骨格の周りに付いた筋肉．骨のタンパク質が筋肉タンパク質で覆われている（写真は横浜市立大学医学研究科・澤田元博士のご厚意による）．

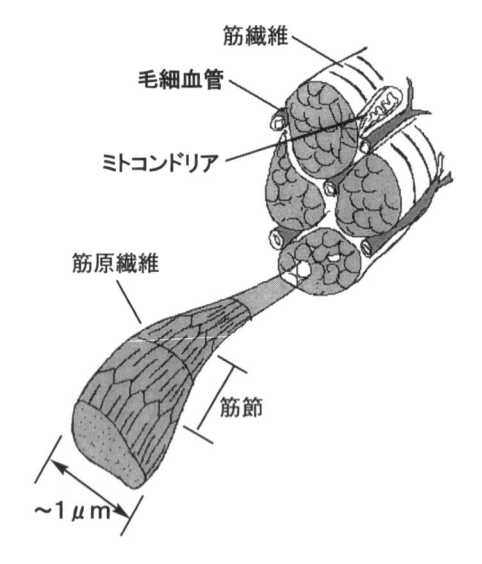

図4-7　ミオシンとアクチンからなる筋原繊維．筋繊維がミオシンとアクチンの集合でできている．

いるかを直観的に知るうえで重要である．筋肉は筋細胞が集まってできていて，その細胞膜の内部には核やミトコンドリアが散在するほか，おもには筋束と呼ばれる筋繊維の束で満たされている（図4-7）．筋繊維の表面には，筋肉

4.2 生物のからだの多くはタンパク質でできている

を収縮させる電気信号を送り込む神経細胞の軸索終端が結合している．筋繊維は，さらに**筋原繊維**の束からできている．筋原繊維は，おもに**ミオシン**と**アクチン**と呼ばれるタンパク質でできている．アクチンは重合してらせん状により合わさってアクチンフィラメントと呼ばれるヒモを形成している．アクチンは細胞骨格タンパク質に分類され，全タンパク質の10％近くを占めている．一方，ミオシンも太い繊維と呼ばれる**ミオシンフィラメント**を形成し，その頭部でアクチンと結合して筋肉収縮を起こさせるタンパク質で，骨格筋の筋原繊維の全タンパク質の50％近くを占めている．

生物のからだは，外形を維持するための骨格と骨格筋のほかに，それらを入れ物として循環器系の中心である心臓や消化器系などの臓器が配置され，定位置に固定されている．これらの位置を固定するための結合組織には弾力性に富んだ繊維が使われており，横隔膜，腸間膜，腹膜，細胞層全体を覆う**漿膜**などがそうである（図4-8）．これらの膜には，筋肉細胞や血管，神経細胞などが含まれるほか，繊維成分の多くは構造タンパク質の**コラーゲン**と**エラスチン**である．

以上からわかるように，生物のからだのいたるところをタンパク質が占めている．生体を構成する分子のなかで，無機成分である水（50〜70％）を除け

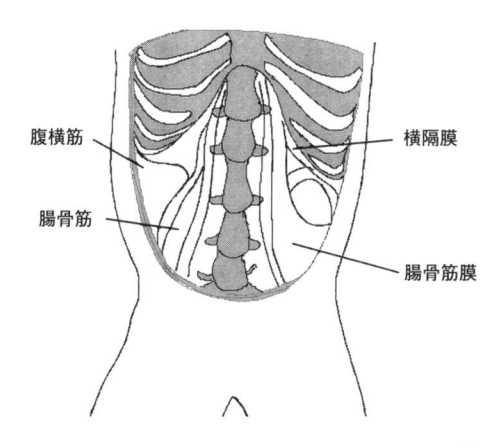

図4-8 さまざまな臓器の位置を定めている膜と筋肉．

ば，個体の総重量あたりタンパク質は実に15〜20%の重量比を占め，最大重量の成分である．このなかで，特にコラーゲン，アクチン，ミオシンは生物のからだを形づくる主要なタンパク質である．一般にタンパク質は寿命をもち，必要なときには発現してきて（生まれ），その機能を果たし（働き），役割を終えると分解してゆく（死ぬ）．生きているものとしての生物は，絶えず合成されるタンパク質と分解してゆくタンパク質のバランスによって形づくられており（図4-9），物質収支としては，定常的に生きている状態が維持されている．

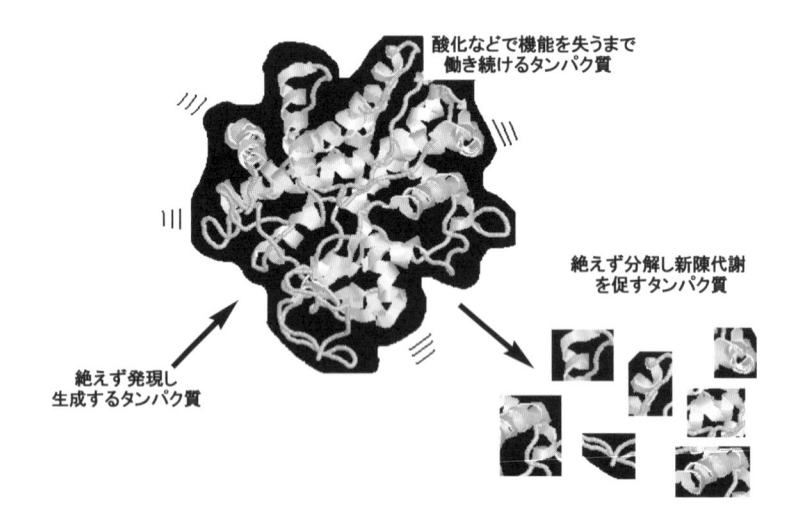

図4-9　絶えず生成し分解し続けるなかで定常的に働き続けるタンパク質．

4.3　脂質―自己組織化する細胞膜分子―

　生物の外形を決定したり臓器の位置を固定維持したりしているのは，タンパク質を主成分とする骨や丈夫な繊維性膜である．これらを家屋に例えると，骨は木材や鉄筋などの骨材であり，繊維性膜はコンクリート外壁などの壁材である．これらの枠組みによって支えられている臓器や筋肉などは，細胞の集合からできている．**細胞**の外部と内部を分けているのは細胞膜（plasma membrane）であり，細胞膜は脂質分子によって形づくられている．細胞内にある核もまた細胞膜でできていて，その中にはDNAが含まれている．細胞内には核のほかに**細胞質**（cytoplasm）があり，いろいろな細胞小器官（organelle）を含んでいる．小器官は細胞容量の約50%を占めており，小器官もまた細胞膜でできている．さらに重要なことは，細胞内はタンパク質繊維でできている網目構造をもち，その網目構造が細胞の形を維持しているということである．

　細胞は生物を特徴づける最小単位である．細胞内部では，核とともに細胞小器官が絶えず働いて生きている状態を維持し続けているが，各小器官が働き続けられる理由は，核や小器官も細胞膜によって細胞内の細胞質環境から守られているからである．すなわち，細胞膜は，その内容物と外部の物質が簡単には混ざり合わないようにして，一つ一つの細胞の独立性と個性を外部環境から守る隔壁なのである．

　細胞質は生物の特徴である物質代謝反応の重要な場であるが，これを囲む細胞膜の形成の起源はDNAやタンパク質よりも古く，これらの生体高分子が合成されたときにはすでに古代の水圏環境中に細胞膜ができていたと考えられている（図4-2）．細胞膜を形づくっている脂質分子は，水環境のなかでは自発的に集合組織化し**脂質二重層**（lipid bilayer）を形成する性質をもっている．脂質二重層は5〜10ナノメートルの厚さをもち，細胞の内側と外側（脂質二重層の外側）に向かって親水性の官能基をもつ．それらの官能基は酸性，塩基性，イオン解離性，アルコール性などで，細胞質の80%近くを占める水によく溶ける性質をもっている．一方で脂質二重層の内側には，脂溶性の官能基が水を避けるようにして向かい合って配置されている（図4-10）．

　水中で自己組織化し自然に二重層の細胞膜をつくりあげている脂質分子には，ホスファチジン酸，ホスファチジルグリセロール，ホスファチジルコリン，スフィンゴミエリン，ホスファチジルエタノールアミン，ホスファチジルセリンなどのリン脂質主成分のほかに，コレステロールを代表とするステロイド性脂質，パルミチン酸やステアリン酸などの脂肪酸などがある（図4-11）．しかし，ここでも重要なことは，細胞膜を構成する主成分のなかにはタンパク

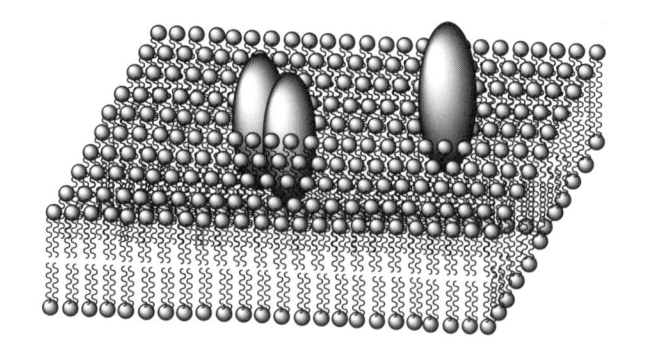

44　第4章　タンパク質とそれを支える生体分子

図4-10　細胞膜の脂質二重層．二重層の上下は水溶性（丸い部分），向かい合わせの官能基（波の部分）は脂溶性．中央に浮かんでいるのは膜タンパク質．

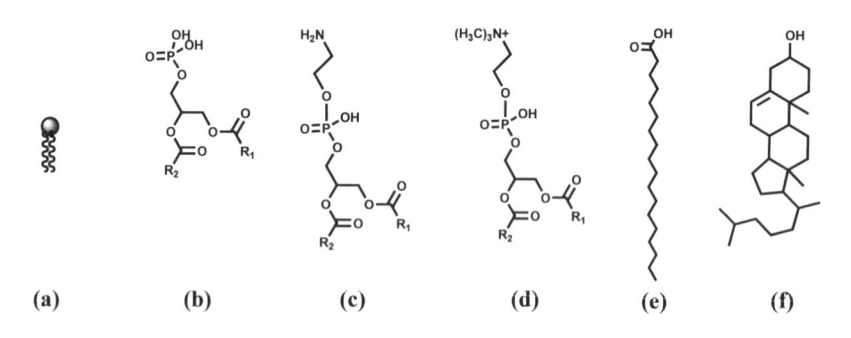

図4-11　細胞膜を構成する脂質分子の構造．
一般には，（a）頭部を親水性とし尾部を疎水性とする構造をもつ．左から，（b）ホスファチジン酸，（c）ホスファチジルエタノールアミン，（d）ホスファチジルコリン，（e）ステアリン酸，（f）コレステロール．以上の脂質分子では上部が親水性，下部が疎水性．R_1 と R_2 は炭素と水素だけからなる疎水性官能基（脂肪鎖）であるが，基部の R-COO まで含めると飽和脂肪酸または不飽和脂肪酸である．飽和脂肪酸の典型はパルミチン酸（$CH_3(CH_2)_{14}$-COOH）やステアリン酸（$CH_3(CH_2)_{16}$-COOH），不飽和脂肪酸ではオレイン酸（$CH_3(CH_2)_7CH=CH(CH_2)_7$-COOH）やリノール酸（$CH_3(CH_2)_4(CH=CHCH_2)_2(CH_2)_6$-COOH）である．

質が含まれていることである．タンパク質は，脂質分子からなる脂質二重層の海のなかに浮かぶ小島のような存在であり（図4-10），細胞膜の重量比にして40～80％を占める．また，脂溶性の脂質分子と相互作用して存在する**膜タンパク質**は，脂溶性であると同時に細胞の内外の物質輸送を受けもっている．この物質輸送に関わる膜タンパク質は働く分子の典型である．

4.4　情報伝達物質―タンパク質と結合するリガンド分子―

　生物の外形が骨材によってつくられ，強靱な繊維質や筋肉によって各臓器の位置が固定され，さらに臓器や筋肉の単位である細胞とその内容物である細胞質が細胞膜によって守られていることを考えると，生きているものとしての生物のものの部分（ハードウェア）ができあがったことになる．ここに生命を吹き込むのは，体内の必要な箇所で合成，分解，輸送，相互作用し，時間的・空間的に動き回って情報伝達を担う分子群あるいは原子群である．

　私たちが環境からの刺激を受け，見たり聞いたり触れたり味わったりして周辺環境を認識できるのは，環境と接している体表面にある感覚受容器が機能し

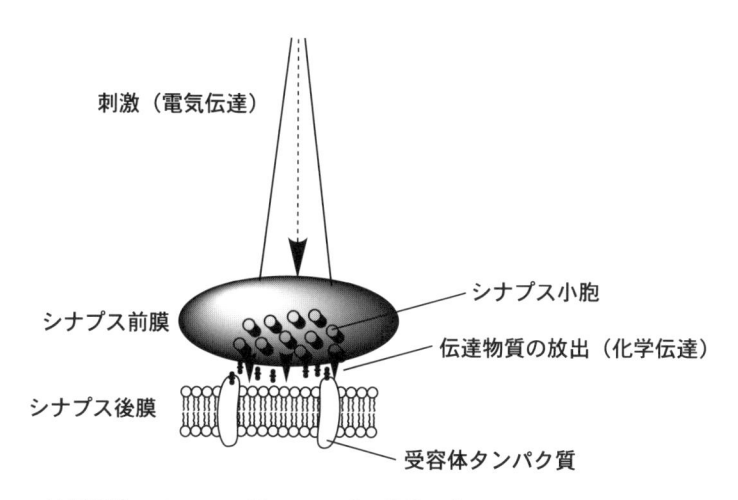

図4-12　神経細胞とタンパク質．シナプス前膜と後膜の間がシナプス間隙で，そこを神経伝達物質が通過する．

ているからである．その結果として，笑ったり怒ったりする応答が生じる．この刺激と応答との間には，神経組織を通して生じる電気信号の伝達と化学信号の伝達が関与している．電気伝導には主として神経細胞膜を介してのナトリウムイオン Na^+ とカリウムイオン K^+ の移動が関与し，化学信号の伝達にはシナプス間隙（図4-12）を移動する**神経伝達物質**と呼ばれる分子が関与している．そしてこの神経細胞にも，ナトリウムイオンとカリウムイオンを膜の内から外またはその逆に運ぶために，ポンプの役割をするタンパク質が存在している．また，シナプス前膜から放出される神経伝達物質を受け取るのは，シナプス後膜に埋め込まれている**受容体**と呼ばれるタンパク質である（図4-12）．ここではタンパク質は化学情報の受容センサーである．神経伝達物質のいくつかを図4-13に示す．

情報伝達という意味では，外分泌性の昆虫フェロモンや内分泌性の**ホルモン**

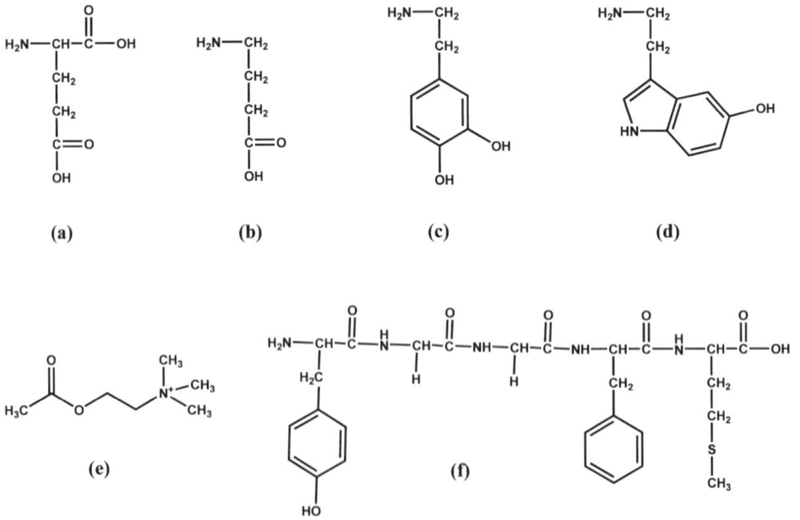

図4-13　いろいろな神経伝達物質．
アミノ酸類の(a)グルタミン酸と(b)ガンマアミノ酪酸GABA，アミン類の(c)ドーパミンと(d)セロトニンと(e)アセチルコリン，ペプチド類の(f)メチオニン-エンケファリンなどがある．

4.4 情報伝達物質　47

図4-14　化学物質を言葉として使うアリ同士の情報交換（日本産クロオオアリ）．

図4-15　フェロモンとホルモン．
アリの警報フェロモンである(a)ウンデカン，(b)シトロネラール，(c)ゲラニアル．ほ乳類等の動物の成長・分化に広く関わっているホルモンである(d)エストラジオール-17β，(e)テストステロン，(f)チロキシン．フェロモンは揮発性で体外に放出され空中を伝搬し，ホルモンは体内で分泌され血流に乗って運ばれる．

も生物の化学情報伝達を司る重要な分子である．昆虫フェロモンには揮発性分子が多く，社会性昆虫であるアリの個体間での通信や，仲間と敵とを見分けるための情報物質として使われている．昆虫フェロモンは，昆虫の体内で合成され外分泌腺から体外に分泌され，個体集団を維持するために役立っている．また，生物の内分泌腺から分泌されるホルモンは，血流に乗って必要な細胞まで達し，細胞膜にある受容体タンパク質と結合したり，核内まで達して受容体タンパク質と結合したりして，生物の分化・成長を制御している．どちらも微量で効果を現すことが特徴である．

4.5 DNA—遺伝情報を担う分子—

タンパク質は，生物を形づくる分子として，あるいは情報伝達物質と結合し情報の受け渡しをするポートとして，あらゆる部位で機能をもって働いている．しかし，生物の形や生きている状態を維持させ続けるために生物体の必要な箇所に必要な量のタンパク質をつくりださせ，生殖を通して自己複製による遺伝情報を伝達し，種の保存を可能にしている分子は**デオキシリボ核酸**（deoxyribonucleic acid, **DNA**）である．DNA は，**ヌクレオチド**と呼ばれる基本骨格を単位とした高分子である（図 4-16）．その構造は，2-デオキシ-D-リボースと呼ばれる五炭糖が，リン酸を交互にはさんだ繰り返し構造をもつ長い主鎖からなっている．主鎖の糖には，側鎖である**塩基**が結合している．DNA を構成する塩基はアデニン（adenine, A），グアニン（guanine, G），シトシン（cytosine, C），チミン（thymine, T）の 4 種類である．この塩基の配列順序が遺伝情報をつくりだしている．また，DNA の二本鎖らせん構造をとりながら，A と T が対をつくり，G と C が対をつくり**分子間水素結合**を形成している（図 4-17 および図 4-18）．その際，塩基対は二重らせんの内部に入り込む形で水素結合している．

DNA は細胞の中に存在する．核膜をもたない**原核生物**の細菌やラン藻（1〜10 μm 程度の大きさの単細胞）の中では，DNA 分子は細胞内の細胞質に囲まれて存在している．一方，ヒトを含む**真核生物**では細胞内に核があり，細胞質

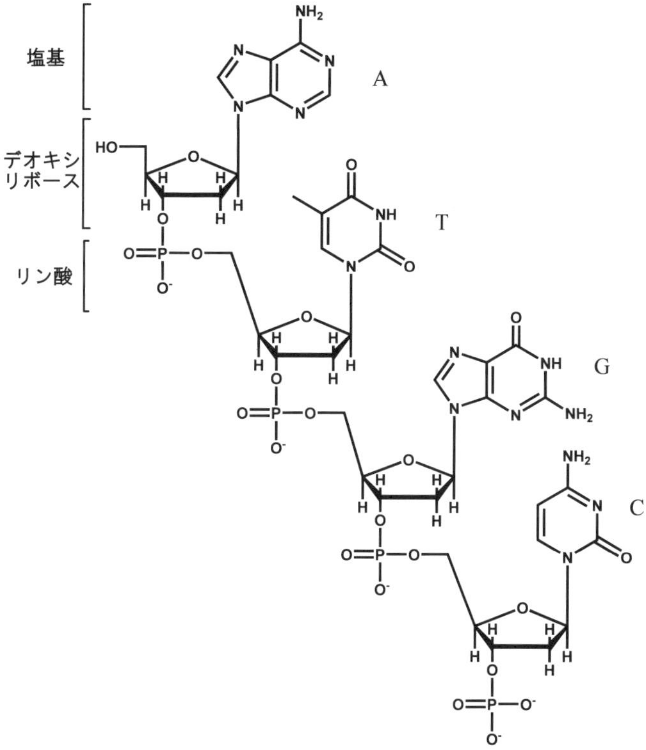

4.5 DNA　49

図 4-16　DNA をつくりあげているヌクレオチドの結合様式．

と核内物質は核膜によって仕きられている（図 2-1）．DNA はタンパク質との複合体を形成して核内に存在しており，この DNA・核タンパク質複合体のことを染色質または**クロマチン**という（図 4-19）．クロマチンは遺伝情報を担う DNA の他に，遺伝子からタンパク質への情報伝達を担う**リボ核酸**（ribonucleic acid, **RNA**）と，クロマチンの構造形成に関わるタンパク質である**ヒストン**および他のタンパク質からできている．なかでもヒストンは，真核生物細胞中に多く存在するだけでなく，核内には DNA とほぼ同量が含まれている．このクロマチンが集まったものが**染色体**（chromosome）である（図 4-20）．

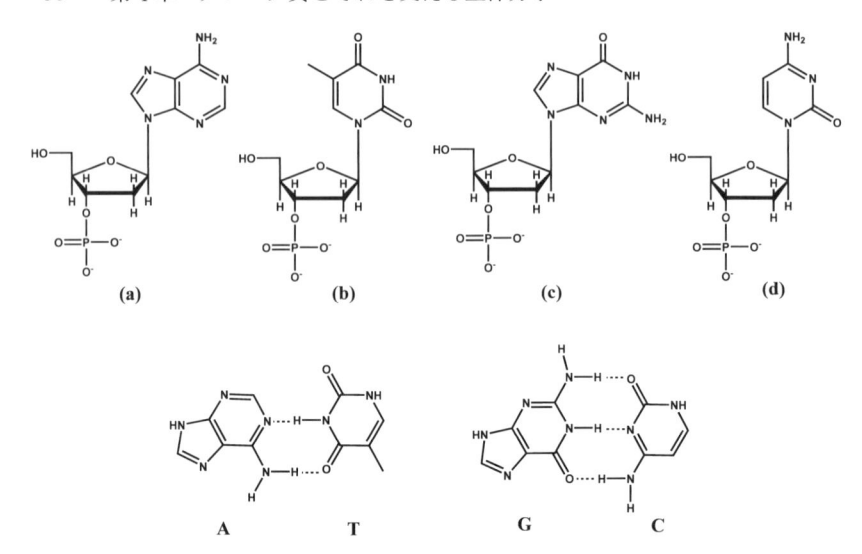

図 4-17　DNA を構成する 4 種類のヌクレオチド（上図）．（a）アデニル酸，（b）デオキシチミジル酸，（c）グアニル酸，（d）シチジル酸．塩基同士アデニン A とチミン T およびグアニン G とシトシン C の分子間水素結合（下図の点線部分）．

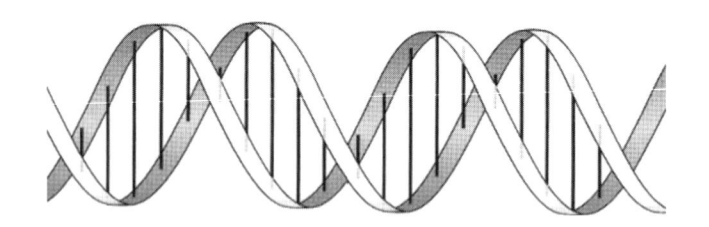

図 4-18　DNA の二重らせん構造．分子間水素結合している塩基対はらせんの内部に見える縦線上に配置されている．らせんの直径は 2 nm の程度．

　もつれた糸のようなクロマチンを解いてやると直径 30 nm ほどの繊維状物質となり，さらに解いてやると直径 11 nm ほどの DNA 鎖がヒストンに巻き付いた真珠のネックレスのような形をした基本構造が得られる（図 4-19）．これは DNA・ヒストン複合体でヌクレオソーム（nucleosome）と呼ばれる．ヌクレオソームの複合体構造は，ヒトの身長ほどもある DNA 鎖を核の内部に

4.5 DNA   51

1400 nm   100 nm   10 nm

染色体   クロマチン   ヌクレオソーム

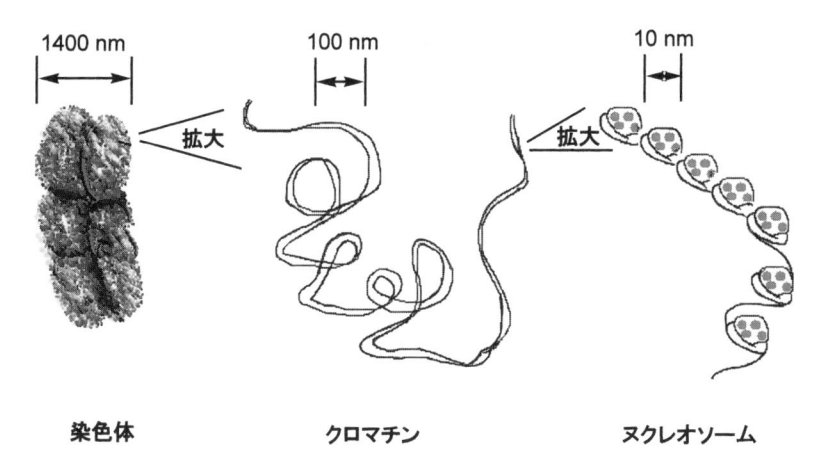

図 4-19 染色体（左），もつれた糸状のクロマチン（中央），ヌクレオソーム（右）．

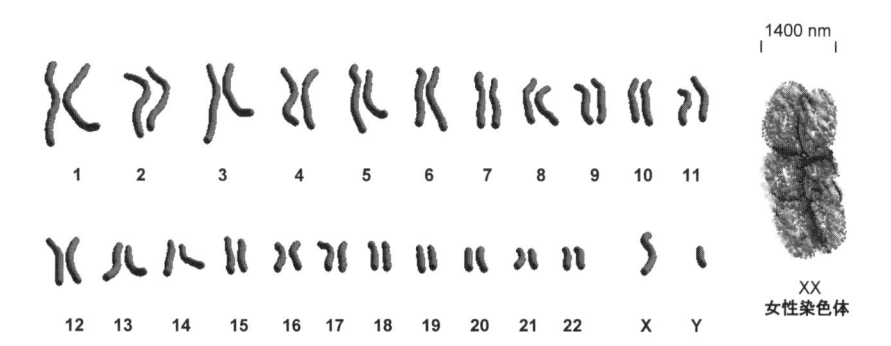

1400 nm

1 2 3 4 5 6 7 8 9 10 11

12 13 14 15 16 17 18 19 20 21 22 X Y

XX
女性染色体

図 4-20 ヒト（男性）の 46 本の染色体の大きさの比較．X と Y の両方をもつのは男性の染色体．右は女性染色体（XX）の拡大図．

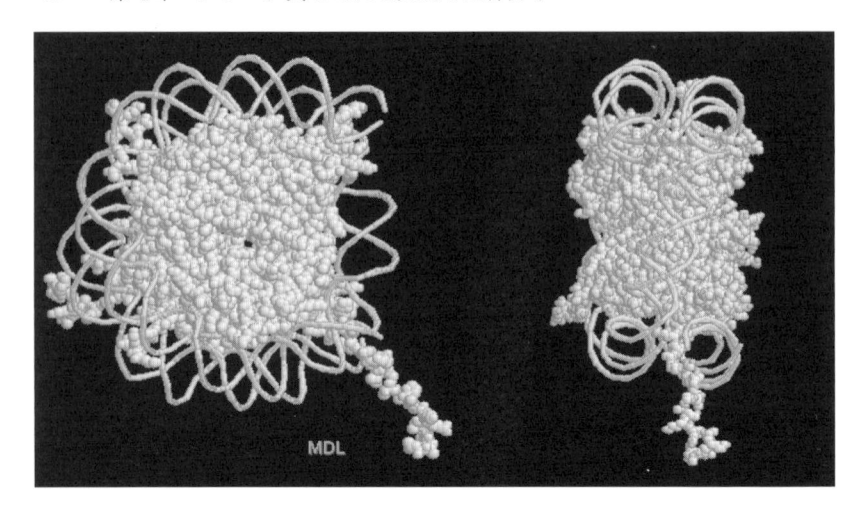

52 第4章 タンパク質とそれを支える生体分子

図 4-21 ヌクレオソーム（Protein Data Bank Japan より転載，ID：1AOI）．左図の中心のかたまりがヒストンで，周囲に巻き付いているバネのようなものが DNA 鎖．左図を側面とすると右図は正面になる．

コンパクトに折りたたみ込むのに必要である（図 4-21）．

4.6 糖質-エネルギー源および異物を検知するアンテナ分子-

自然界まで含めれば全有機化合物のうちで最も多いのは糖質（炭化水素）である．糖質は三種類に大別され，基本単位である単糖類，数個の単糖が結合したオリゴ糖類，多数の単糖が結合した多糖類がある（図 4-22）．多くは多糖類として存在し，その役割は以下のようである．
  1. 貯蔵エネルギー源
  2. 細胞壁維持

生体内反応を進めるためのエネルギー源としては，デンプン（高等植物の種子や根茎にある）やグリコゲン（動物細胞中にある）の形で蓄えられている．細胞質を外部環境から守るための細胞壁補強材としては，植物や甲殻類外皮のセルロース類や細菌細胞壁の**ペプチドグリカン**がある．特にセルロースは地球上

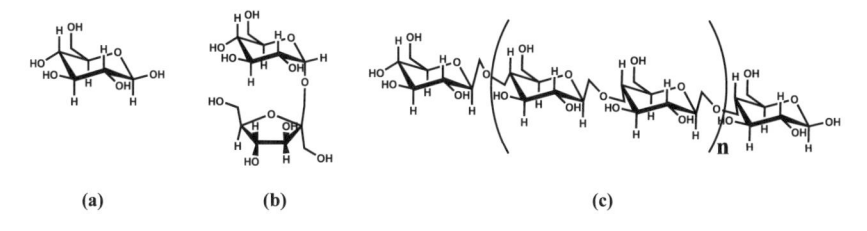

4.6 糖質

図 4-22 糖質.
（a）単糖の β-D-グルコピラノース，（b）オリゴ糖のショ糖，（c）多糖のセルロース．

で最も多い糖質である．

　動物にとって運動のためのエネルギー源は常に必要であり，その直接のエネルギーは，ATP の加水分解反応よって放出される自由エネルギーである（(3.1)式）．糖質はこの ATP を合成するために使われている．

　まず，貯蔵エネルギー源であるデンプンは小腸でα-アミラーゼによって消化され**グルコース**になる．グリコゲンは，筋肉や肝臓で分解酵素のホスホリラーゼによって加リン酸分解されてリン酸化グルコースになる．生成したリン酸化グルコースは解糖過程に入り，ピルビン酸の生成を経て乳酸を生成する（図 4-23）．この過程でグルコース 1 分子あたり ATP を 2 分子生成するが，全過程を通して 10 段階もの反応があり，そのそれぞれに反応をスムーズに進めるための酵素が関わっている．この反応は，自由エネルギーの下り坂であり熱力学的には自発的に進むが，速度論的には有意な時間内の反応を進めるために複数の酵素を必要とする．これらの酵素も当然タンパク質である．

　簡単にいうと**解糖系**（図 4-23）は，グルコースからピルビン酸が生成するときに，エネルギー共役によって ATP が生成する代謝反応である．このとき，グルコースからフルクトース-1,6-ビスリン酸が生成する過程で ATP が消費される二つの過程があるが，これら過程はいわゆる ATP の加水分解を必要とする自由エネルギーの上り坂反応ではないことに注意したい．ヘキソキナーゼという酵素が関与する最初の過程は，グルコースに ATP のリン酸基を結合させる過程を触媒している．次のホスホフルクトキナーゼという酵素が関与

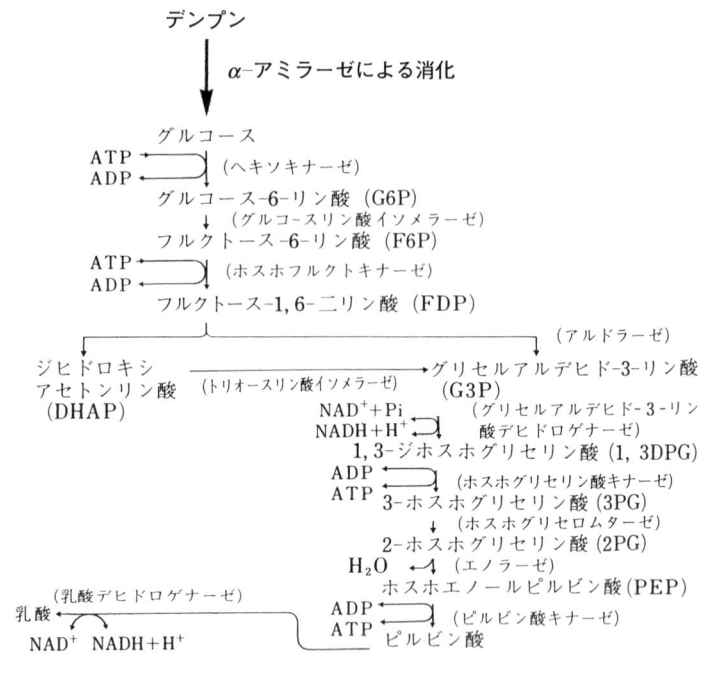

54 第4章 タンパク質とそれを支える生体分子

```
                    デンプン
                       ↓  α-アミラーゼによる消化
                    グルコース
         ATP ┐
         ADP ┘   (ヘキソキナーゼ)
              グルコース-6-リン酸 (G6P)
                       ↓ (グルコースリン酸イソメラーゼ)
              フルクトース-6-リン酸 (F6P)
         ATP ┐
         ADP ┘   (ホスホフルクトキナーゼ)
              フルクトース-1,6-二リン酸 (FDP)
                                        (アルドラーゼ)
    ジヒドロキシ ─────────→ グリセルアルデヒド-3-リン酸
    アセトンリン酸 (トリオースリン酸イソメラーゼ)  (G3P)
      (DHAP)
                        NAD⁺+Pi     (グリセルアルデヒド-3-リン
                        NADH+H⁺     酸デヒドロゲナーゼ)
                     1,3-ジホスホグリセリン酸 (1,3DPG)
                        ADP ┐
                        ATP ┘   (ホスホグリセリン酸キナーゼ)
                     3-ホスホグリセリン酸 (3PG)
                        ↓ (ホスホグリセロムターゼ)
                     2-ホスホグリセリン酸 (2PG)
                        H₂O ← (エノラーゼ)
                     ホスホエノールピルビン酸 (PEP)
         (乳酸デヒドロゲナーゼ)     ADP ┐
    乳酸 ←─────────────   ATP ┘   (ピルビン酸キナーゼ)
         NAD⁺  NADH+H⁺      ピルビン酸
```

図4-23 解糖系.
デンプンの酵素消化，グルコースの加リン酸分解，解糖過程におけるピルビン酸の生成と乳酸の生成．最終的に解糖系はATPを合成する（理科年表（2005）p. 865より改変）[1]．図中NAD^+とNADHは，それぞれニコチンアミドアデニンジヌクレオチド（nicotinamide adenine dinucleotide）の酸化型と還元型を表し，細胞内での多くの酸化還元反応に利用．

するATPの消費過程も，最初の過程で生成したリン酸化グルコース（次いでリン酸化フルクトースに変換される）にさらにもう一つのリン酸基を結合させ，リン酸基を二つもつフルクトース-1,6-ビスリン酸を生成させる．これも酵素により触媒された過程である．触媒の役割は，一般には反応過程にある活性化エネルギーを低下させ，反応をスムーズに進行させることである．このことから理解されるように，最初のATPの消費は自由エネルギーを利用する共役ではなく，糖のリン酸化である．したがって，ピルビン酸が生成する過程で

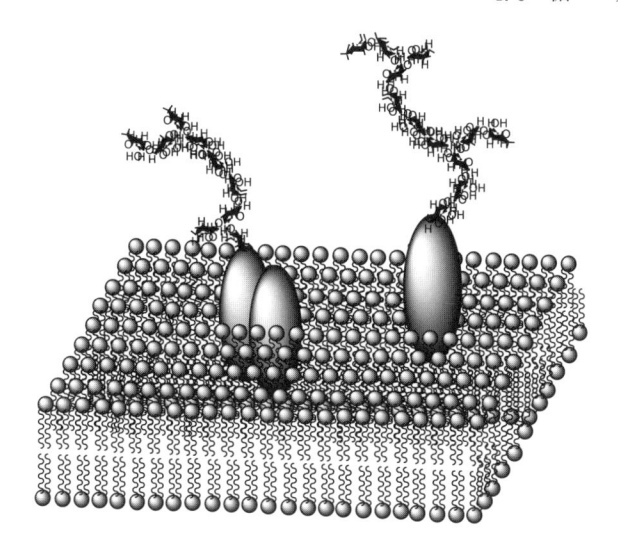

図 4-24 糖タンパク質．脂質の海に浮かぶタンパク質とタンパク質に結合した糖鎖．生体を構成するタンパク質の 50％以上が糖鎖と結合している．

発生する自由エネルギーは ATP の合成に共役的に利用され，最初に消費した ATP との間で正味のエネルギーがゼロになることはない．

　糖質はまた他の生体分子と結合し，**複合糖質**（glycoconjugate）として動植物の各組織や細胞膜，体液中に広く存在する．複合糖質は，**糖タンパク質**（glycoprotein），**プロテオグリカン**（proteoglycan），**糖脂質**（glycolipid）の三種類に大別される．また，ペプチドと結合したものは**ペプチドグリカン**（peptideglycan）と呼ばれ，菌類の細胞壁の主成分として菌類を外部の機械的・生物的刺激から保護している．糖含量のきわめて多いプロテオグリカンは，骨に多いコラーゲンとともに細胞外結合組織の基質を形成している．細胞膜の構成成分となっている糖タンパク質と糖脂質は，いずれも細胞間認識や細胞間情報伝達の機能を担っている．どちらも細胞膜表面から糖鎖が突き出していて，細胞外から別の細胞が近づいてきたり，薬物や病原体が近づいてきたりしたときに，それらを最初に認識するアンテナのような役割を負っている．細胞膜が疎水性なのに対し，糖鎖は典型的な親水性物質であり，細胞膜表面上に

広がる水溶性環境のなかでゆらゆらと揺れながら，外部からの化学情報を待ちかまえているのである（図4-24）．細胞膜に埋め込まれ表面から突出した部分をもつ受容体タンパク質は，外部からの細胞や情報伝達物質と直接相互作用するのではなく，タンパク質と結合している糖鎖が最初に分子認識すると考えられる．すなわち，糖タンパク質の糖鎖は，会社などの守衛所または受付のようなものである．

# 第5章
タンパク質がつくられるまで

　生命の設計図といわれるデオキシリボ核酸（deoxyribonucleic acid, DNA）には，その塩基配列上に遺伝子の情報が書き込まれていて，その情報に従ってタンパク質が生まれて（発現して）くる．その一連の過程を情報の流れといい，核酸からタンパク質ができる一方向性が特徴であり，その法則をセントラルドグマという．タンパク質の発現は，アイデアの発想とその実現に似ている．DNA 上にコードされている情報は我々の頭に浮かぶアイデアや設計図（可能性）に相当し，それが具体的な分子であるタンパク質として発現するのは，アイデアに沿って文章にしたり絵に描いたりする表現に相当する．実際，英語では発現も表現も expression である．我々がアイデアに沿ってさまざまに表現するように，タンパク質はまさに DNA の表現形なのである．ここでは，働くタンパク質が DNA の設計図に沿ってつくられるまでの過程を述べる．

5.1　セントラルドグマ

　ある生物種の遺伝子（gene）の1セット，転写産物であるメッセンジャーリボ核酸（messenger ribonucleic acid, **mRNA**）の1セット，そして**発現**したタンパク質の1セットのことを，それぞれその生物種の**ゲノム**（genome），**トランスクリプトーム**（transcriptome），**プロテオーム**（proteome）という．そしてこれらは，遺伝子からタンパク質ができあがるまでの情報の流れの順序を表している．1958 年にクリックは，生命情報の法則ともいうべきこの一方向性を**セントラルドグマ**として提唱した．セントラルドグマは長く教義として信じられていたが，1970 年に**リボ核酸**（ribonucleic acid, RNA）から DNAを合成する逆転写酵素が発見されるに至って，一方向の情報の流れに修正が加

58　第5章　タンパク質がつくられるまで

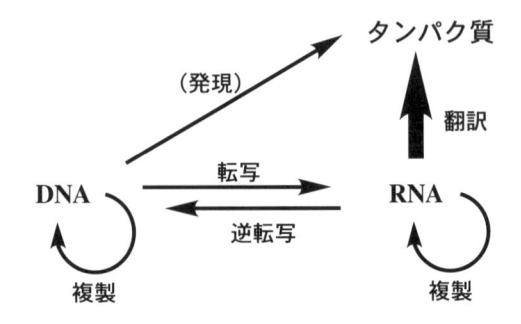

図5-1　修正されたセントラルドグマ．核酸からタンパク質の発現に向かう一方向的な情報の流れ．

えられた（図5-1）．現在では，**核酸**（DNAとRNA）間での情報の流れ（DNA→RNA，RNA→DNA，DNA→DNA，RNA→RNA）の他にDNA→タンパク質の流れも知られている．しかし，タンパク質から核酸への情報の逆行はいまだに知られておらず，一方向性というセントラルドグマの中心教義は守られている．

5.2　遺伝子とゲノム

　遺伝情報を司る要素のことを遺伝子といい，その実体は塩基配列をもつDNAの部分鎖のことである．**核**の中にあるDNAでは，同じ塩基配列の二本のDNA鎖が二重らせん構造をつくっている（図4-18）．らせん構造は塩基同士（プリン塩基とピリミジン塩基）の**分子間水素結合**によって形成されている（図5-2）．一本鎖の部分の塩基配列には，タンパク質の発現情報（例えばアミノ酸配列情報）が隠されている．このことを，塩基配列上にタンパク質の発現情報がコードされているという言い方をする．コードという言葉には暗号という意味もある．DNA鎖上でタンパク質の発現情報をコードしているこの部分のことを**エキソン**（exon）という（図5-3）．ヒトのDNAの塩基配列の99%が2003年4月までに解読され，決定された塩基数は28億3000万である．DNAの塩基配列上にコードされている遺伝子の数は，2004年10月に約

5.2 遺伝子とゲノム　59

図5-2 DNA の二重らせんをつくる塩基対アデニン A/チミン T とグアニン G/シトシン C の分子間水素結合．アデニンとグアニンはプリン塩基，チミンとシトシンはピリミジン塩基．

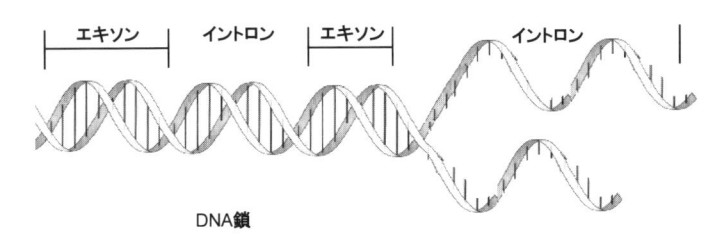

図5-3 DNA 鎖上にコードされている遺伝子部分エキソンと非遺伝子部分イントロン．

22,000 個であると見積もられた．この**ヒトの一生の設計図ともいうべき 22,000 個の遺伝子のセットのことをヒトのゲノム**と呼ぶ．遺伝子もゲノムも核の中に存在する物質的実体であり，それは生体高分子と呼ばれる有機化合物の一つである．次に述べるように，ヒトの DNA の塩基配列のうち，タンパク質に相当する遺伝子部分は 2% 以下といわれており，単純には 28 億 3000 万塩基数の 2%，すなわち 5,660 万塩基数に 22,000 個のタンパク質がコードされていることになる．単純平均すれば，1 個の遺伝子あたり 2573 塩基数ということになり，これを単純にタンパク質のアミノ酸の残基数に直せば 858 残基になる（後述するように，3 個の塩基で 1 個のアミノ酸を表現している）．

タンパク質の発現情報に関わらない，すなわちタンパク質としてのアミノ酸

配列情報をもたない DNA 鎖の塩基配列部分のことを**イントロン**（intron）といい，ヒトの DNA 鎖では実に 98％以上をこの一見して無駄と思える塩基配列が占めている．この不要な部分の機能は長く未解明であったが，最近その有用性が解明されつつある．すなわち，イントロン部分はタンパク質の発現までは至らないが，RNA への転写遺伝子として機能し，その RNA がタンパク質の発現を妨害制御している機能が解明されつつある．

遺伝子の**塩基配列**とタンパク質の**アミノ酸配列**には対応関係がある．すなわち，三塩基配列の単位がアミノ酸 1 個に対応している．三塩基配列の単位のことを遺伝暗号**コドン**（codon）といい，4 種類の**塩基**（アデニン A，チミン T，シトシン C，グアニン G）の組み合わせによって 20 種類のアミノ酸を表現している．アミノ酸を規定するこの遺伝暗号を解読したのはマーシャル・ニレンバーグ（1927- ）である．ニレンバーグが遺伝暗号を解読したのは，合成 RNA（4 種類の塩基はアデニン A，ウラシル U，シトシン C，グアニン G）からタンパク質を合成する方法であった．実際，タンパク質は RNA から翻訳されるので，遺伝暗号の塩基側は A, T, C, G ではなく，A, U, C, G の組み合わせになる（表 5-1）．

5.3 転写とトランスクリプトーム

セントラルドグマにおいて，DNA から RNA への情報の流れを**転写**（transcription）という．タンパク質の発現に関与するのはメッセンジャー RNA（mRNA）であり，なかでも DNA の塩基配列と相補的に生成する最初の転写産物のことを mRNA 前駆体という．塩基対の相補的相互作用は，DNA 同士では A→T，T→A，G→C，C→G であるが，DNA から RNA への転写の際に生じる相補的塩基対は RNA 側でチミン T の代わりにウラシル U になり A→U，T→A，G→C，C→G のようになる（図 5-4）．

転写をうけ生成した RNA の総体をトランスクリプトーム（transcriptome）というが，このなかにはタンパク質をコードしていないものや長さの調節（**スプライシング**という）がされない生のままのものもある（5.4 節

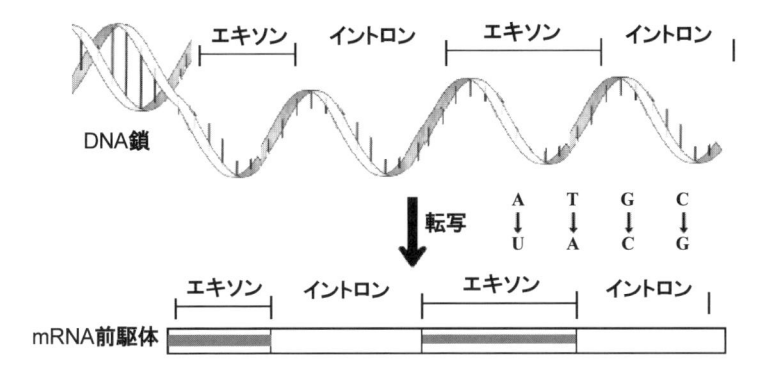

図 5-4 転写．DNA から RNA への情報の流れ．

参照）．前者はイントロン部分からの転写産物である．生命の起源の研究の中には RNA ワールドという言葉もあり，タンパク質が先か RNA が先かといった話題も頻出する．トランスクリプトームの研究の中に生命の起源を解決するキーが隠されている可能性もある．

5.4 スプライシング

　DNA からの転写産物である mRNA 前駆体は，核内で転写後調節をうけることによってイントロン部分の塩基配列が取り除かれる．この調節をスプライシング（図 5-5）といい，タンパク質のアミノ酸配列などをコードした有用な塩基配列だけを残した mRNA になる．この転写後調節をうけた RNA のことを成熟 RNA という．成熟 RNA は情報分子 mRNA として働くために核外へ輸送され，タンパク質の翻訳合成機械であるリボソームに達する．mRNA の本来の役割は，リボソームでのタンパク質への翻訳と合成であり，翻訳合成を終了すると速やかに分解してしまう．その寿命は比較的短く，原核細胞では 10 分以内，真核細胞では数日以内である．

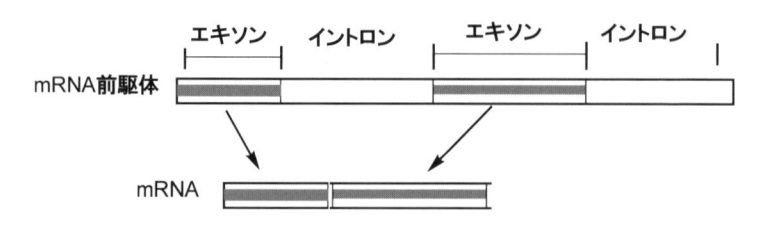

図 5-5 スプライシング．タンパク質の発現情報などを含むエキソンだけを再配置する．一つのエキソンすなわち遺伝子部分は一つのタンパク質に相当するが，実際は，必ずしも一対一対応では発現しないことが知られている．

5.5 翻訳とタンパク質合成

　DNA には，タンパク質への翻訳を開始するコドン（ATG）と停止するコドン（TGA，TAA または TAG）の塩基配列がある（表 5-1）．DNA 上のこの塩基配列が mRNA に転写されるとチミン T がウラシル U に変わり，開始コドンは AUG，停止コドンは UGA，UAA または UAG の塩基配列になる．リボソームでタンパク質が合成されるとき，mRNA からタンパク質が翻訳され始める開始コドン AUG は，アミノ酸のメチオニンをコードする遺伝暗号である．そのため，翻訳直後のタンパク質の**アミノ末端（N 末端）**のアミノ酸残基はメチオニンである．一方，停止コドンはどのアミノ酸にも相当しないため，**カルボキシル末端（C 末端）**には特定のアミノ酸はない（図 5-6）．

　リボソームで mRNA の各コドンから相当する各アミノ酸へ情報の伝達（**翻訳**）が起こるとき，各コドンに相当するアミノ酸はリボソームまで運搬される．この運搬する物質が**トランスファー RNA**（transfer RNA, tRNA）で，20 種類のアミノ酸に応じた数だけある．tRNA は 75 個程度の比較的短い塩基配列からなり，RNA のなかでは最も短い．tRNA と結合してリボソームまで運ばれたアミノ酸は，N 末端から順に結合してポリペプチドを形成してゆく（図 5-7）．この合成反応に先立ち，tRNA が個々のアミノ酸を選択して結合するには，ATP の自由エネルギーを利用したアミノ酸の活性化が必要となる．すなわち，アミノ酸の C 末端の水酸基がアデニル化（高エネルギー結合形成

5.5 翻訳とタンパク質合成

表5-1 RNAの塩基配列からタンパク質のアミノ酸配列を解読するための暗号表コドン，および翻訳開始コドンと停止コドン．

グリシン：GGU，GGC，GGA，GGG
アラニン：GCU，GCC，GCA，GCG
バリン：GUU，GUC，GUA，GUG
ロイシン：UUA，UUG，CUU，CUC，CUA，CUG
イソロイシン：AUU，AUC，AUA
プロリン：CCU，CCC，CCA，CCG
フェニルアラニン：UUU，UUC
トリプトファン：UGG
セリン：AGU，AGC，UCU，UCC，UCA，UCG
トレオニン：ACU，ACC，ACA，ACG
システイン：UGU，UGC
チロシン：UAU，UAC
アスパラギン：AAU，AAC
グルタミン：CAA，CAG
アスパラギン酸：GAU，GAC
グルタミン酸：GAA，GAG
リジン：AAA，AAG
アルギニン：CGU，CGC，CGA，CGG，AGA，AGG
ヒスチジン：CAU，CAC
メチオニン：AUG（開始コドン）
停止コドン：UAA，UAG，UGA

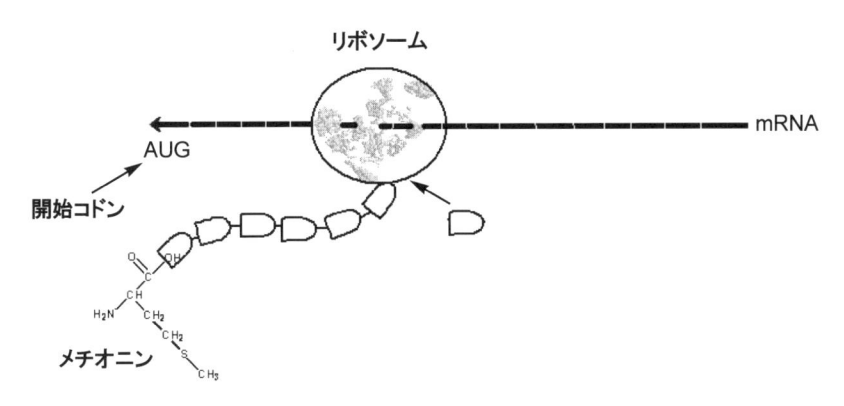

図5-6 翻訳．mRNAの塩基配列からタンパク質のアミノ酸配列へ翻訳はリボソームで行われる．翻訳合成は開始コドンAUGに相当するメチオニンから始まる．

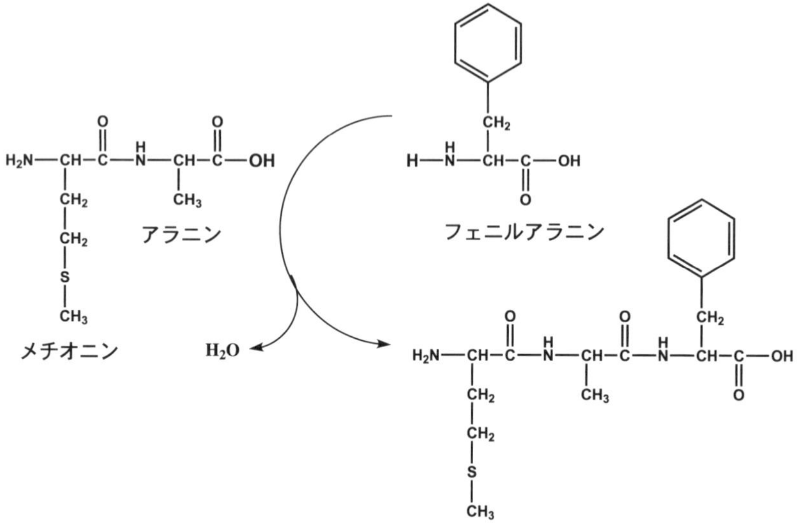

64 第5章 タンパク質がつくられるまで

図5-7 ポリペプチド合成の模式図．メチオニン・アラニンからなるジペプチドのC末端（COOH）にフェニルアラニンのN末端が結合すると，脱水反応を伴ってメチオニン・アラニン・フェニルアラニンからなるトリペプチドが合成される．

によるアミノ酸の活性化）され，それから，アデノシン一リン酸（AMP）の脱離を伴いながらtRNAと結合してアミノアシルtRNAが生成する（図5-8）．上のアミノ酸の活性化とtRNAとの結合形成には，特定のアミノ酸とtRNAとを結合させるための酵素が関与している．この酵素はアミノアシルtRNA合成酵素と呼ばれ，アミノ酸の数だけあり，アミノアシルtRNAの合成が終了するまでアミノ酸と結合している．

　リボソーム上で起こるタンパク質の合成は，アミノ酸と結合したアミノアシルtRNAが順次リボソームまで運ばれ，すでにできているポリペプチド鎖のC末端に**ペプチド結合**を形成させ，アミノ酸を継ぎ足し伸長させるように起こる．このときの合成反応はリボソームが触媒となって進行し，反応後もアミノアシルtRNAのtRNA分子は結合したままである．tRNAは次のアミノアシルtRNAがくるまで残り，新たなペプチド結合が形成されたときに脱離してゆく．こうしてN末端からC末端に向けてポリペプチド鎖が伸長し，最終的

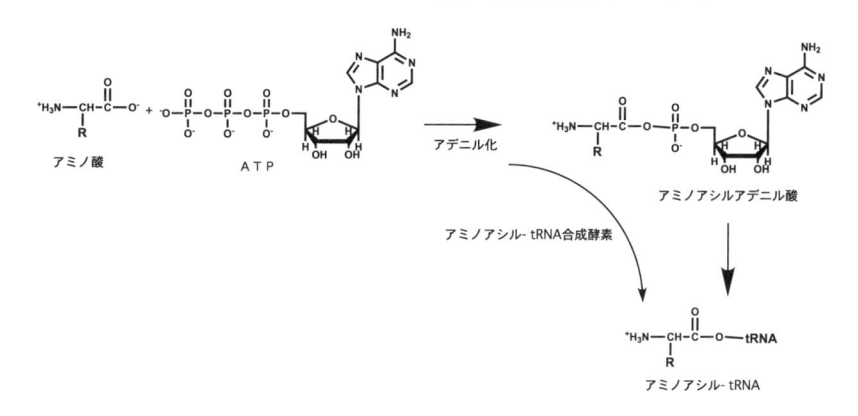

図5-8　アミノアシル tRNA の合成.

にリボソーム上で mRNA の停止コドン（UGA，UAA，UAG）の情報が認識されると翻訳は終了し，**ポリペプチドはリボソームから遊離してゆく**．遊離したポリペプチドは，タンパク質としての機能を発揮するために，種々の脱離反応や修飾反応を受けながら高次構造を形成してゆく（第9章）．

5.6　翻訳後修飾とプロテオーム

　翻訳合成を終えリボソームから遊離したポリペプチドは，反応性に富む N 末端のアミノ基（-NH$_2$）がアセチル基（-COCH$_3$，Ac と略す）などによってブロック（-NHAc）されたり，システイン残基（-SH）同士がジスルフィド（-S-S-）結合を形成したり，**アミノ酸側鎖がリン酸化，グリコシル化，メチル化**などのいわゆる**翻訳後修飾**を受けたりする．修飾は翻訳された直後から始まり**フォールディング**と同時に進行する．その修飾の種類はきわめて多様であり，その多様さによってタンパク質の多様な機能も生まれる．100種類以上にものぼる翻訳後修飾は，それらの各々について専門の研究者がいるほど，生物の機能にとって重要な意味をもつ．

　タンパク質は，立体構造の形成と同時に修飾も受け，機能的な形を備え働くことができるようになる（図5-9）．このようなタンパク質のことを**成熟タン**

パク質 (matured protein) といい，特定の生物種あるいは特定の臓器や細胞に発現してくるすべての成熟タンパク質のことを指して"プロテオーム (proteome)"と呼ぶ．ヒトのプロテオームといえば，ヒトが生まれてから死ぬまでに発現するすべてのタンパク質を指す．また，ヒトの肝臓のプロテオームといえば，ヒトの肝臓で発現するすべてのタンパク質を指す．家屋に例えれば，DNAはそれらをつくるための図面や設計図にあたり，タンパク質は家屋の建材であったりする．建材は原木のままでは役に立たず，加工して目的にあった形にしなければならない．この加工の段階が翻訳後修飾にあたり，快適に住めるような家屋にまで形（立体構造）を整えたりするのが高次構造の形成にあたる．

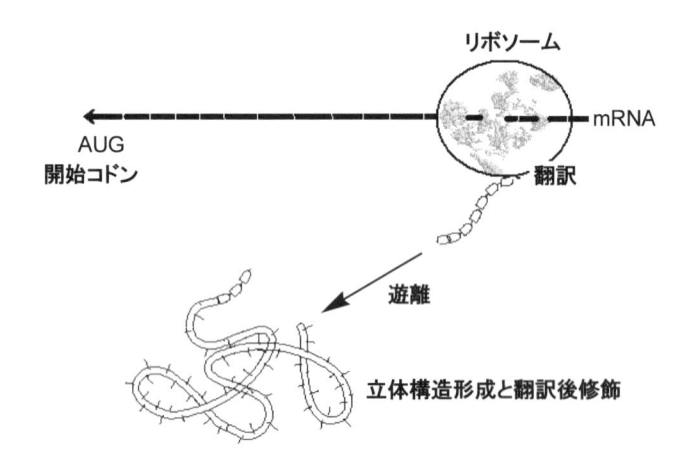

図5-9 立体構造形成と翻訳後修飾を終え働きだすタンパク質．

第6章
タンパク質の観察

　タンパク質分子を観察するにはさまざまな方法がある．タンパク質分子の大きさは2〜10 nm程度なので，肉眼で見ることはできない．形も化学構造も直接観察することはできない．ヒトの肉眼で観察できるのは，数百 μm（0.1 mm程度）までである．光学顕微鏡でも観察可能な大きさは可視光（波長0.4〜0.7 μm）の波長の程度までなので，動物細胞中の核，ミトコンドリア，リソソームまでが観察できるにすぎない．タンパク質の存在を確認したり観察したりするには，間接的で特別な手法が必要である．ここでは，タンパク質の存在を確認するためによく使われる電気泳動法と蛍光顕微鏡の方法について述べる．これらはタンパク質の構造については何もいわないが，どのようなタンパク質であるのか同定するのに役立つ．

6.1　二次元電気泳動

　二次元ポリアクリルアミドゲル電気泳動（two-dimensional polyacrylamide gel electrophoresis, 2D-PAGE）の目的は，生体から得られたタンパク質の混合物を分離し，個々のタンパク質の存在を視覚化することである．また，分離された個々のタンパク質は，二次元の膜上の横軸（**等電点 pI**，6.1.1参照）と縦軸（**相対分子質量** M_r）で指定される位置にスポットとして観測される（図6-1）．(pI, M_r)で表される位置情報はタンパク質に固有なので同定に利用される．タンパク質を構成するアミノ酸には，疎水性・親水性といった物理的性質のほかに，塩基性・酸性といった化学的性質をもつものがあり，これらがタンパク質全体の平均的な性質を決めている．タンパク質を観察する方法は，これらの物理化学的性質を利用していることが多い．タンパク質の電気

第6章 タンパク質の観察

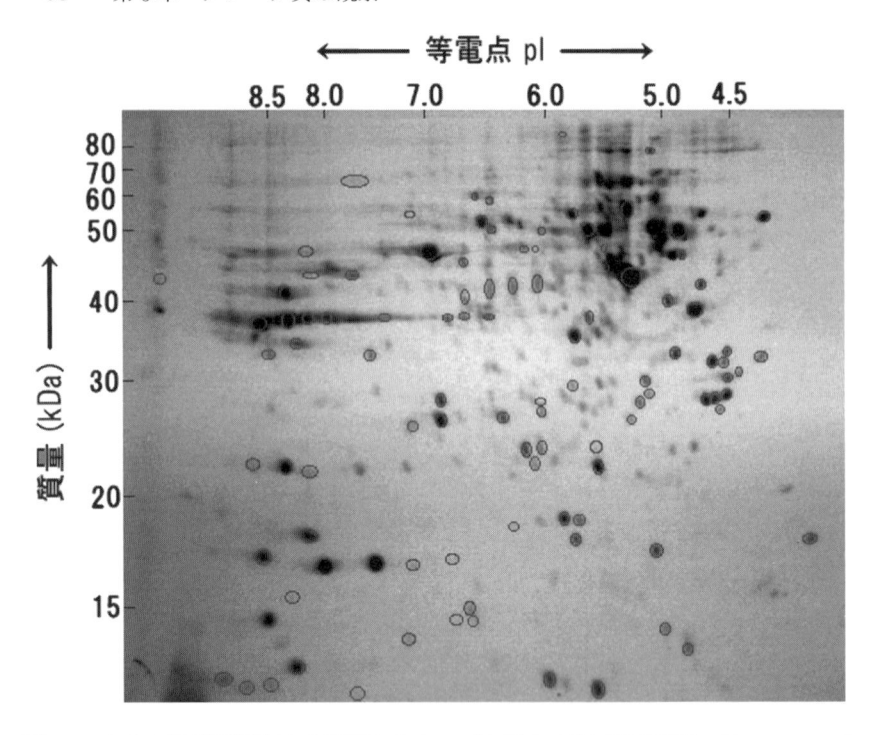

図6-1 ヒト唾液腺癌細胞から発現したタンパク質の二次元電気泳動パターン．一次元目の等電点電気泳動（横軸，この場合は右側が酸性）と二次元目の電気泳動（縦軸）によって分離したタンパク質のスポット（写真は岩手医科大学・加茂政晴博士のご厚意による）．本データは，http://hitech-d.iwate-med.ac.jp/biochem/HSG-2D/index.html より見ることができ，〇内のスポットをクリックすると各タンパク質の情報を得ることができる．

泳動を支配する重要な関係は，プロトン H^+ の供与体を酸，受容体を塩基と定義するブレンステッドの酸塩基平衡である．

6.1.1 一次元目の等電点電気泳動を支配するのはプロトン H^+

アミノ酸，ペプチド，タンパク質などの極性分子の多くは，溶液中でプロトン H^+ の授受によって電荷（プラスまたはマイナスの電気）をもつようになる．電荷をもったアミノ酸，ペプチド，タンパク質のことをイオンという．こ

れらの電荷をもったイオンは，電気的な力（電場）によって移動する．一次元目の**等電点電気泳動**（isoelectric focusing）は，プロトンの授受によって生じたタンパク質イオンを，pH が酸性から塩基性まで連続的に変わっているゲル中を電場によって移動させることである．タンパク質イオンはゲル中の酸性環境と塩基性環境中でプロトンの授受を行いながら，正味の電荷がゼロになるまで移動（泳動）し続ける．正味の電荷がゼロになってタンパク質が停止（フォーカス）した点を**等電点**（isoelectric point, pI）という．等電点 pI は，タンパク質の正味の電荷がゼロになったときの pH の値で表す．

実際の操作では，タンパク質の混合物試料を，固定化した pH 勾配をもつゲルの管中に導入し，両端から高電圧（数百 V～数千 V）を印加する．酸性ゲル側にプラスを，塩基性ゲル側にマイナスを印加すると，マイナス電荷を帯びた酸性タンパク質はプラス側に引かれながら移動し，酸性ゲルからプロトンを受け取り中性化したところで停止する．一方，プラス電荷を帯びた塩基性タンパク質はマイナス側に引かれながら移動し，塩基性ゲルにプロトンを与えて中性化し停止する（図 6-2）．停止した位置がそのタンパク質の等電点である．等電点電気泳動にかけるタンパク質は，溶解性を高めるために事前の試料調製として，尿素による**変性**と還元剤によるジスルフィド**結合**の**切断**処理を行う．

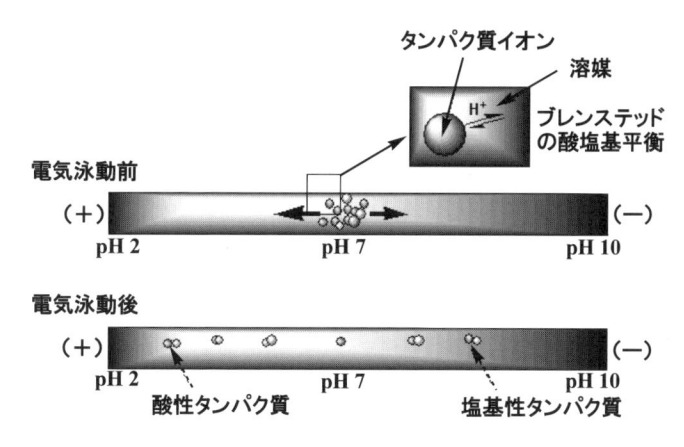

図 6-2 等電点電気泳動の前(上)と泳動の後(下)．

6.1.2 アミノ酸の等電点を理解する

タンパク質の等電点をもっとよく理解するには、アミノ酸の等電点を考えてみるとよい。アミノ酸は、水溶液中でプロトンと受け取ったり放出したりして電荷をもつ。酸性溶媒中ではプロトン H^+ を受け取り正の電荷をもちやすく、塩基性溶媒中ではプロトン H^+ を放出し負の電荷をもちやすい。中性溶媒中では、**アミノ酸側鎖**の根本にある炭素（α 炭素 C_α という）に結合している α カルボキシル基（α-COOH）がイオン解離して負イオン α-COO$^-$ になり、α アミノ基（α-NH$_2$）はプロトンを受け取り正イオン α-NH$_3^+$ になっている（図6-3）。しかし、多くのアミノ酸の α カルボキシル基の酸性度は、アミノ酸側鎖 R の酸性・塩基性に応じて中性にも酸性にも塩基性にもなる。

アミノ酸の等電点 pI も、正味の電荷がゼロになる pH で定義される。アミノ酸の等電点は、α カルボキシル基、α アミノ基、アミノ酸側鎖におけるプロトンの**解離定数** K_a の対数（pK_a）から求められる。ここでは、アミノ酸（A）からのプロトンの解離を想定して pH と pK_a との関係を記述しておく。

ブレンステッドの定義に従い、アミノ酸（その名の通り酸とする）がプロトン H^+ を放出する過程を酸塩基平衡で表すと以下のようになる。

$$\text{酸 (A)} \rightleftarrows \text{塩基 (B)} + H^+ \qquad (6.1)$$

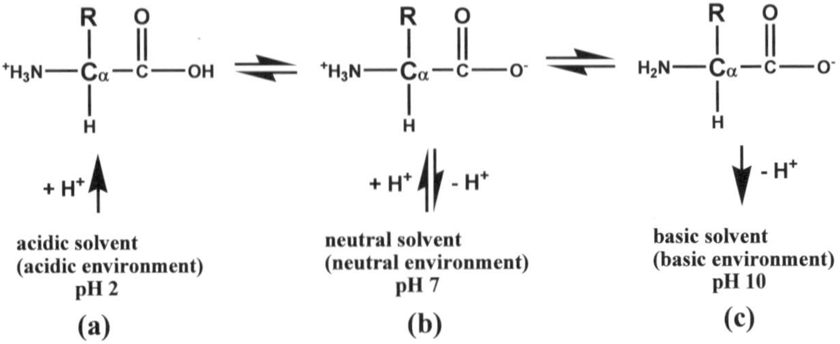

図6-3 （a）酸性、（b）中性、（c）塩基性の水溶液中に置かれたアミノ酸のイオン化状態。

このときの解離定数 K_a は次のように定義される．

$$K_a = [B][H^+]/[A] \tag{6.2}$$

ここで，[ ]の表示は各化学種のモル濃度を表す．これより水素イオン濃度は $[H^+] = K_a[A]/[B]$ のようになる．ここで定義により $pH = -\log[H^+]$ なので，pH は 10 を底とする対数 log を使い次のように表される．

$$pH = -\log K_a + \log([B]/[A]) \tag{6.3}$$

ここで $pK_a = -\log K_a$ なので，以下のように pH と pK_a の関係を得る．

$$pH = pK_a + \log([B]/[A]) \tag{6.4}$$

アミノ酸の等電点は解離定数から求めるので，アミノ酸からプロトンの解離を考えればよい．すなわち，水溶液中ですでにプロトン化したアミノ酸でも，中性でも，プロトンを失っていても，いつでもプロトンの解離を考える．図 6-3 に示したように，アミノ酸は**不斉炭素** C_α の周りに，水素原子 H，カルボキシル基 COOH，アミノ基 NH_2 の他にアミノ酸側鎖 R をもつ．水素原子のイオン解離は起こらないので，カルボキシル基，アミノ基，側鎖の三個所からプロトンの解離が起こる可能性があり，それに従って以下の三つの解離定数を考えることができる．

K_1：α-COOH の解離定数

K_2：α-NH_3^+ の解離定数

K_3：アミノ酸側鎖 R の解離定数

ここで，解離定数 K_n の順序 n は，上記のように COOH，NH_3^+，R の順に番

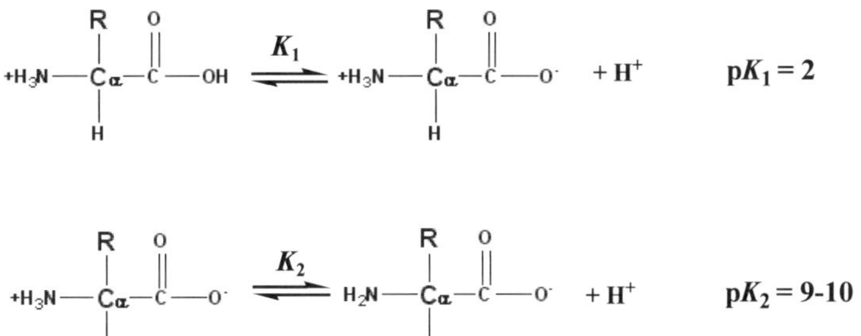

図 6-4　α カルボキシル基（上）と α アミノ基（下）の平均的な pK_a 値．

号付けすることもあれば，pH の値の順に番号付けすることもある．ここでは，上記のように α-COOH の解離定数を K_1，α-NH$_3^+$ の解離定数を K_2，アミノ酸側鎖 R の解離定数を K_3 とする．20 種類のアミノ酸に共通するカルボキシル基の解離定数 K_1 とアミノ基の解離定数 K_2 は，アミノ酸側鎖の影響を多少受けるが，どちらも大体一定の値をもつ（図 6-4）．

アミノ酸の等電点 pI を計算で求めるときには，pK_1 と pK_2 の値をもつアミノ酸では，それらの単純平均をとる．しかし，pK_1 と pK_2 の他に pK_3 の値も

表 6-1 アミノ酸の pK_a 値（Hay：生体無機化学（1986）p. 22 より）[1]と等電点 pI 値（理科年表（2005）p. 526 より）[2]．

アミノ酸	pK_1	pK_2	pK_3	pI
疎水性アミノ酸				
グリシン	2.35	9.78	—	5.97
アラニン	2.35	9.87	—	6.00
バリン	2.29	9.74	—	5.96
ロイシン	2.33	9.74	—	5.98
イソロイシン	2.32	9.76	—	6.02
メチオニン	2.13	9.28	—	5.74
プロリン	1.95	10.64	—	6.30
フェニルアラニン	2.16	9.18	—	5.48
トリプトファン	2.43	9.44	—	5.89
中性アミノ酸				
セリン	2.19	9.21	—	5.68
トレオニン	2.09	9.11	—	6.16
システイン	1.92	10.46	8.35	5.07
チロシン	2.20	10.13	9.11	5.66
アスパラギン	2.10	8.84	—	5.41
グルタミン	2.20	9.10	—	5.65
酸性アミノ酸				
アスパラギン酸	1.99	9.90	3.90	2.77
グルタミン酸	2.10	9.47	4.07	3.22
塩基性アミノ酸				
リジン	2.16	9.18	10.79	9.74
アルギニン	1.82	8.99	12.48	10.76
ヒスチジン	1.80	9.33	6.04	7.59

もつ場合は支配的な二つの解離定数 K の対数の単純平均から求めることが習慣である．支配的な二つとは，一つのアミノ酸に対して上記三つの解離定数 K_1, K_2, K_3 があるとき，酸性側の二つあるいは塩基性側の二つを選んで平均をとることを意味する．表6-1に，アミノ酸の各 pK_a 値と等電点をまとめておく．

タンパク質では，C末端の α カルボキシル基と N末端の α アミノ基の解離定数はアミノ酸の値とは異なり，それぞれ pK_1 値は3〜3.2と pK_2 値は7.6〜8.4になる．酸性アミノ酸（図6-5）であるアスパラギン酸（pI 2.77）とグル

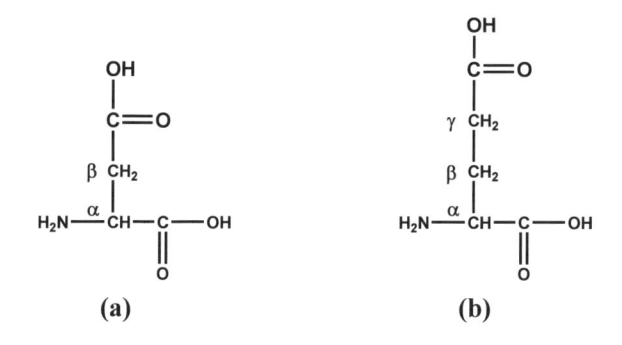

図6-5 酸性アミノ酸．(a)アスパラギン酸と(b)グルタミン酸．

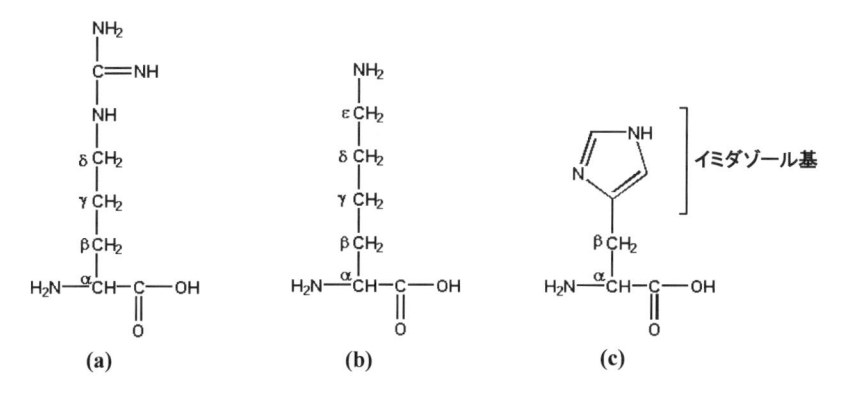

図6-6 塩基性アミノ酸．(a)アルギニン，(b)リジン，(c)ヒスチジン．

タミン酸（pI 3.22）を過剰に含むタンパク質は，カルボキシル基の解離イオン化，-COOH ⟶ COO⁻＋H⁺，のためにマイナスの電荷を多くもつ．こうした性質のタンパク質のことを酸性タンパク質という．

一方，塩基性アミノ酸（図 6-6）であるアルギニン（pI 10.7），リジン（pI 9.7），ヒスチジン（pI 7.6）を過剰に含むタンパク質は，それぞれグアニジノ基-NH-C(NH)-NH$_2$，アミノ基-NH$_2$，イミダゾール基（図 6-6 参照）がプロトン H⁺ を引きつけやすいためにプラスの電荷を多くもつ．こうした性質のタンパク質を塩基性タンパク質といい，リゾチームはその典型である．

6.1.3　二次元目の SDS 電気泳動を支配するのはタンパク質の大きさ

タンパク質はアミノ酸がペプチド結合によって連なった鎖状構造をもち，その鎖（一次構造）が長いほどタンパク質の質量は大きくなる．ペプチドにおけるアミノ酸の単位構造すなわち**アミノ酸残基** -NH-C$_\alpha$(R)-CO-，の**平均質量**は 118.9 Da である．すなわち，おおまかにはペプチド鎖が一残基長くなるとタンパク質の質量は約 119 Da だけ増すことになる．このタンパク質の大きさ（長さ）と質量の対応関係を利用して，一次元目で同じ pI 毎に分離したタンパク質を，二次元目では質量の違いに応じ分離する．一次元目で**ジスルフィド結合**を還元され，さらに尿素で変性を受けたタンパク質は，三次構造を失いアミノ酸側鎖を溶媒に露出した鎖状の構造をとる．この鎖の長さの違いに応じてタンパク質を分離するために，一次元目終了後の試料にドデシル硫酸ナトリウム（sodium dodecyl sulfate, SDS）を混ぜる．SDS は水溶液中でイオン解離する両親媒性（疎水性と親水性の両方の性質をもつ）の界面活性剤である（図 6-7）．

SDS は水溶液中でイオン解離し，ドデシル硫酸イオン RO-SO$_2$O⁻（R＝C$_{12}$H$_{25}$）とナトリウムイオン Na⁺ になる．タンパク質の塩基性部位はプロトン化してプラスに帯電しているので，ドデシル硫酸イオンのマイナス電荷の部分がクーロン力で結合し中性化する．しかし，ドデシル基の疎水性のため，さらに外部から近づくドデシル硫酸イオンのドデシル基側と疎水結合し，ミセルを

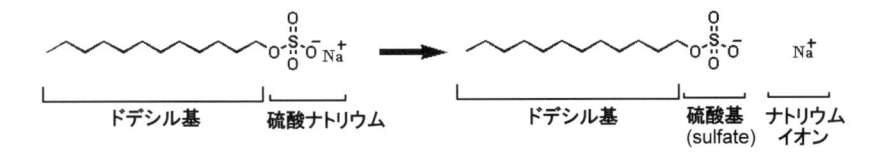

図 6-7 ドデシル硫酸ナトリウム．水溶液中ではドデシル硫酸イオンとナトリウムイオンに解離する．

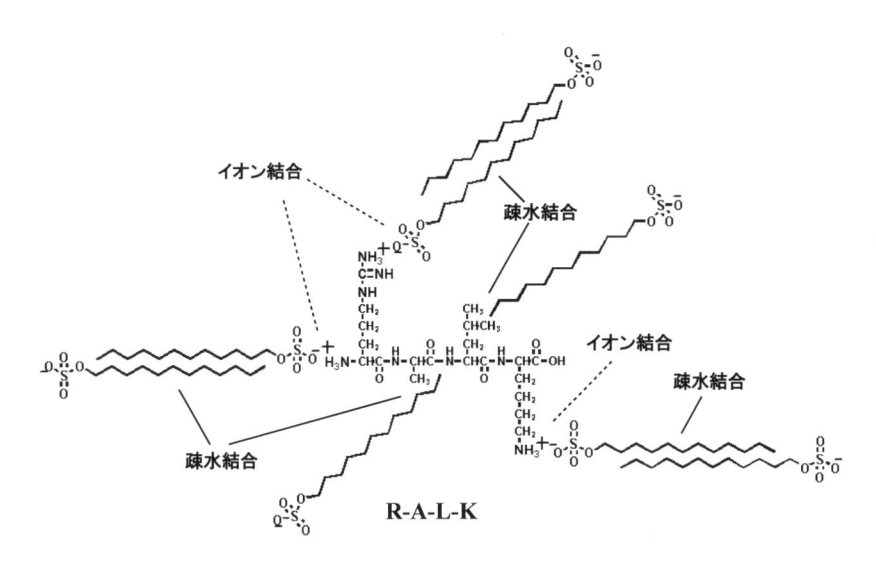

図 6-8 ペプチド（アルギニン・アラニン・ロイシン・リジンの配列をもつ）とイオン結合したドデシル硫酸イオン．硫酸イオンの部分はペプチドの塩基性部位とイオン結合する．その周囲に負電荷を帯びたドデシル硫酸イオンが疎水結合してミセル状構造を形成する．

形成するように複合体が成長する．そして，ミセル状の複合体の表面からは硫酸イオンが露出し，水溶液に溶解して安定になる．このときミセル状のタンパク質複合体は，硫酸イオンのためにマイナスに帯電している（図6-8）．この状態でポリアクリルアミドのゲル中を電気泳動させると，タンパク質複合体はプラスの電極側へ移動しながら複合体の大きさに応じて分離が起こる．複合体の大きさはタンパク質の長さそのものであり，上で述べたようにタンパク質の

長さは質量と対応関係があるため，結果としてタンパク質の質量を分離できることになる．もちろん，質量分離の精度は 1 Da を分けられるような厳密なものではなく，原理的に大きさで分ける程度の精度にすぎない．

二次元電気泳動（2D-PAGE）後のタンパク質はゲル中で染色すれば観察することができる．染色に色素であるクーマシーブリリアントブルー（CBB）を用いると数十ピコモル（10^{-11} mol）量のタンパク質まで観察できる．銀イオン Ag^+ で染色すると数ピコモル（10^{-12} mol）程度の量まで観察できるようになる．このように，2D-PAGE を使うと，図 6-1 に示したように，二次元のゲル上に分離展開したタンパク質を肉眼で観察できるようになる．

6.2 蛍光顕微鏡

タンパク質の特定の**アミノ酸配列**を認識する抗体タンパク質（immuno-protein）を利用すると，蛍光顕微鏡でタンパク質を観察できる．**抗原抗体相互作用**の高い特異性を利用し，目的のタンパク質に**抗体**を結合させる．次いで，抗体タンパク質のシステイン残基のチオール基-SH や別のアミノ酸のアミノ基-NH_2 と特異的に共有結合を形成する蛍光色素（フルオレセイン（図6-9），テトラメチルローダミンなど）を結合させる．このようにすることで，蛍光色素と抗体タンパク質の複合体が形成され（図 6-10），ここに特定波長の光を照射すると蛍光を発する．この方法は，生物組織の切片試料を用いて，どの組織部位にタンパク質が発現したかを観察するときに使われる．検出は，タ

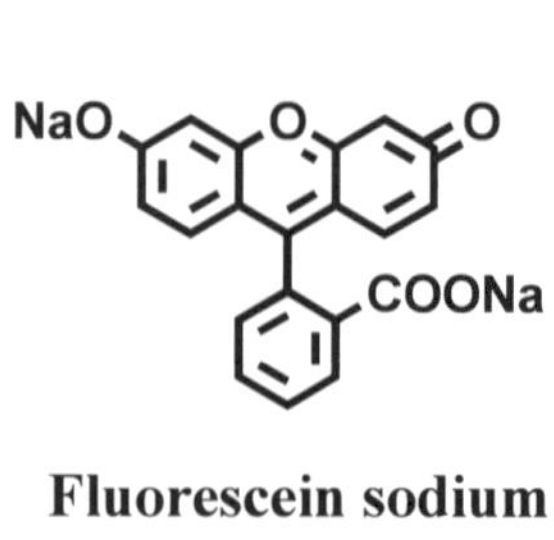

Fluorescein sodium

図 6-9　蛍光色素のフルオレセインナトリウム．

ンパク質-抗体-蛍光色素の複合体から発する蛍光を観察するものであり，数 μm の大きさまで観察できる（図 6-11）．

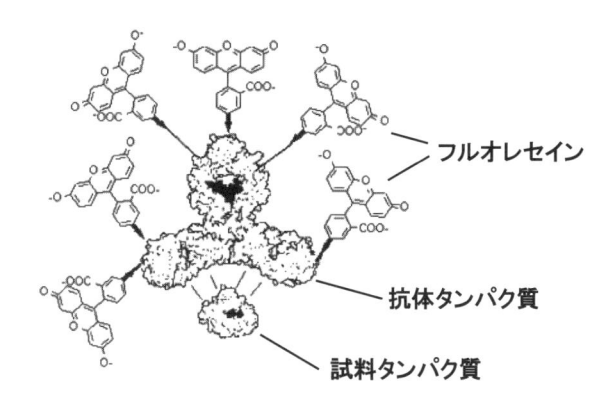

図 6-10　タンパク質-抗体-蛍光色素の複合体．

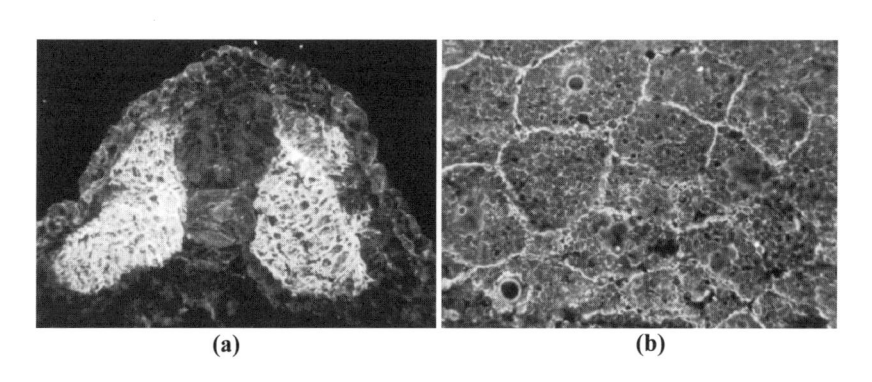

図 6-11　イモリの初期発生段階の胚断面の蛍光顕微鏡像．
（a）脊椎断面に発現したタンパク質であるミオシンをフルオレセインの蛍光で観察．（b）細胞膜にある膜タンパク質であるアクチンを蛍光で観察．どちらも明るい部分に多くタンパク質が含まれる（写真は横浜市立大学国際総合科学研究科・内山秀穂博士のご厚意による）．

第7章
タンパク質の立体構造の解析

　タンパク質の立体構造を解析する技術には，X線結晶構造解析法，核磁気共鳴法，電子線結晶構造解析法（電子線回折法または電子顕微鏡），中性子回折法，原子間力顕微鏡，計算機シミュレーション法などがある．最近では，生のタンパク質の動きをリアルタイムで観察するための光学顕微鏡や，タンパク質の動きを複数の波長のレーザー光を照射して観察したりする方法も開発されつつある．ここでは，タンパク質データバンク（第8章参照）に登録されているタンパク質の構造解析に利用されているX線結晶構造解析と核磁気共鳴法について述べる．

7.1　X線結晶構造解析－タンパク質の結晶構造－

　X線結晶構造解析では，結晶の原子配置（三次元空間配置）を決めてくれる．X線結晶構造解析の原理は，照射X線が原子を構成する電子によって散乱されることを利用し，散乱光の強度から電子密度を求めると原子の存在確率を決めることができることにある．X線の歴史については第1章で簡単にふれたが，ここではX線の性質についてふれておく．

7.1.1　X線について

　X線は，波長が0.01～数十nm（10^{-11}～10^{-8} mまたは0.1～100Å）程度の範囲の電磁波である．0.1～数Å程度までの短波長側のものを硬X線，数Å～500Å程度のものを軟X線という．結晶構造解析には0.5～3Å程度の硬X線（特性X線ともいう）を使う．原子核は電子に比べて3桁以上も重いためX線は原子核では散乱されず，原子核の周囲に存在する電子によって散乱され

る．硬X線の波長は原子の大きさを決めている電子雲の広がりの程度であることに注意しよう．後述するX線の回折現象は，原子間距離の程度の波長を使うと起こるので，タンパク質を含む有機化合物の構造解析には1Å程度の波長のX線が最もよく使われる．

7.1.2 タンパク質のX線結晶構造解析小史

X線を使ったタンパク質結晶の構造解析に関する歴史は，1926年に，サムナー（1887-1955）がナタマメのアセトン抽出液から酵素であるウレアーゼの結晶を得たときから始まる．しかし，実際にタンパク質の結晶のX線回折像を初めて撮影したのはバナール（1901-1971）等であり，試料はタンパク質分解酵素の一つのペプシン結晶であった．また，1936年以来，バナールの下でタンパク質結晶のX線回折像を撮影していたペルツは，20年以上の歳月をかけてヘモグロビンの立体構造を解明した．1958年には，ケンドルーが波長6ÅのX線を使いミオグロビンの結晶構造を決定した．これにより，1962年にペルツとケンドルーはノーベル化学賞を受賞した．

7.1.3 X線回折

タンパク質の**ペプチド主鎖**を構成する原子間距離は1〜2Åの程度である．アラニルアラニン（Ala-Ala）の例を図7-1に示す．各結合の数値は原子間距

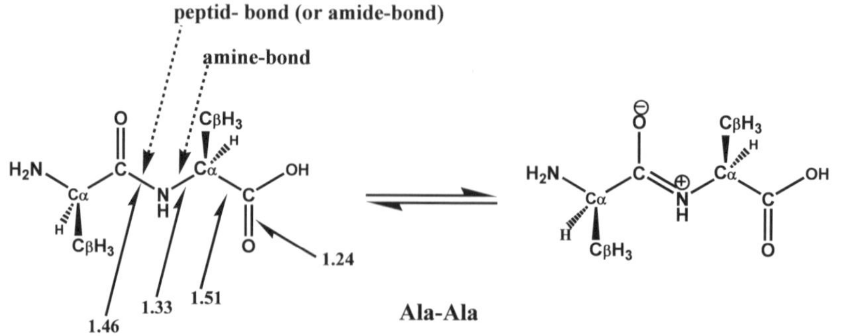

図7-1 アラニルアラニンにおける原子間結合距離（Å）と共鳴構造．

離を表す．カルボニル二重結合と**ペプチド結合**の二重結合は互いに共鳴構造をとる．X線はペプチド鎖を構成する各原子の電子によって散乱される．原子の中心に近ければ近いほど電子の存在確率が高いため，X線の散乱確率が増す．したがって，X線が強く散乱されるところで原子の存在確率も高くなる．逆に原子と原子の間に到達したX線は，散乱されずに通過しやすいため散乱確率は低下し原子の存在確率も低くなる．原子の存在確率の高い位置で散乱された反射線群のうち，同じ反射角 θ をもち反射行路が波長 λ の整数倍になるブラッグの条件を満たす反射線は干渉効果によって強度を強める（図7-2）．これが**回折線**として観測される回折像である（図7-3）．

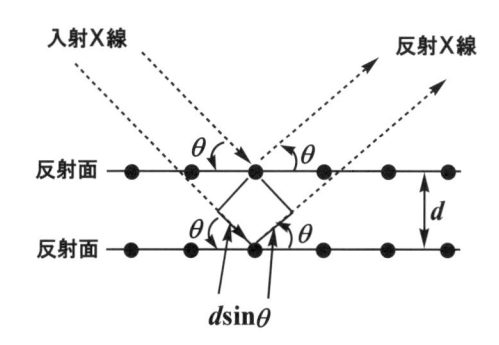

図7-2　ブラッグ反射．$2d\sin\theta = n\lambda$（d：反射面間隔，$n=1, 2, 3\cdots$）の関係をブラッグの条件という．

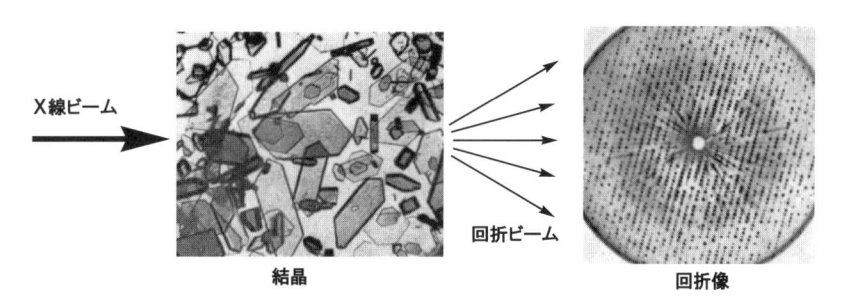

図7-3　ミオグロビンの単結晶片とその一つの単結晶片から得られたX線回折像（Kendrew：生命の糸（1968）写真16および17より）[1]．

82　第7章　タンパク質の立体構造の解析

シャープで回折強度の高い回折線を得るには，タンパク質分子が規則正しく並び溶媒分子などを含まない結晶を作成する必要がある．入射X線がタンパ

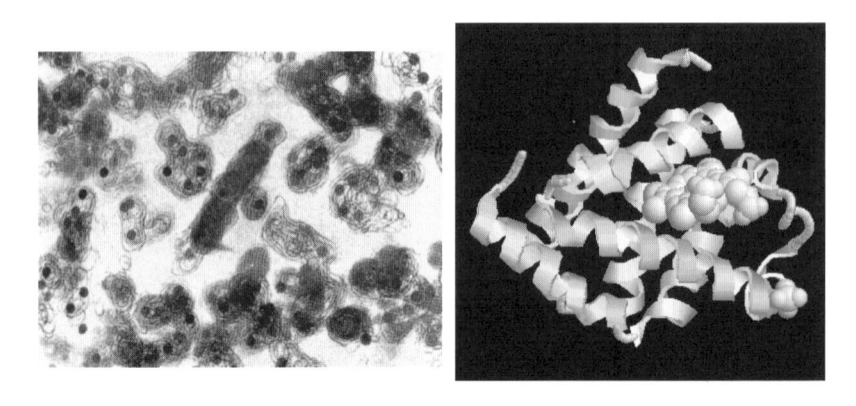

図7-4　左図はX線回折像と位相情報から計算されたミオグロビンの電子密度図（Kendrew：生命の糸（1968）写真21より）[1]．右図は電子密度図に基づいて組み立てられたミオグロビンの立体構造（Protein Data Bank Japanより転載，ID：1AZI）．左右の図は対応していない．

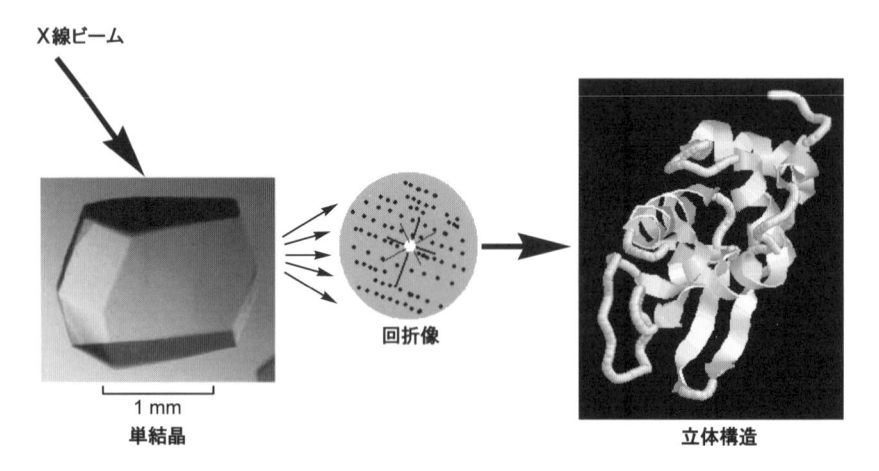

図7-5　リゾチームの単結晶と立体構造（Protein Data Bank Japanより転載，ID：1HEL）（結晶写真は横浜市立大学国際総合科学研究科・橘勝博士のご厚意による）．回折像はイメージ．

ク質中の各原子で散乱され，干渉効果によって強度を強めた回折線の強度分布（回折像）は，結晶構造因子 F と呼ばれる原子配置を反映する量で表現される．ここで原子中の電子の存在確率を電子密度分布 $\rho(xyz)$ で表すと，F は $\rho(xyz)$ のフーリエ変換の関係にある．実験から X 線の回折強度に相当する結晶構造因子 F を求め，上とは逆に F を逆フーリエ変換すると電子密度分布 $\rho(xyz)$ が求められる．電子密度分布 $\rho(xyz)$ を求める，この逆フーリエ積分を和の形で表した量をフーリエ合成と呼ぶ．実際に電子密度分布を得るには，回折線の強度分布の他に回折線の位相情報が必要となる．位相情報を与えるためのいくつかの方法が開発されているが，ここでは立ち入らない．詳しくは参考文献を参照のこと．

X 線結晶構造解析によるタンパク質の立体構造の決定は，ミオグロビンに次いでヘモグロビンが，次いで酵素では最初となった**リゾチーム**で行われた（図 7-5）．

7.2 核磁気共鳴法―溶液中での構造―

核磁気共鳴（nuclear magnetic resonance, NMR）とは，10 T（テスラ）程度の強力な磁場中に分子が置かれたとき，分子を構成する原子の原子核が外部から電磁波（数十から数百 MHz）を吸収するときに起こる現象である．すなわち，水素同位体（^{1}H），炭素同位体（^{13}C），窒素同位体（^{15}N）などの原子核が外部からの電磁波を吸収するときの共鳴周波数が，各原子核を囲む電子の状態によってわずかに異なることを利用した手法である．NMR を使うと，共鳴周波数の違いを表す**化学シフト**の値の固有性を利用して，官能基の存在や原子の数の定量評価が可能になる．また，数個の共有結合を隔てて存在する原子間の相互作用を追跡し，化学構造を組み立てることができる．さらに，原子間隔が数Å程度の近さに存在する原子同士ならば，異なる原子核でもその近接相互作用を用いて原子間の距離と立体配置の情報が得られる．これら原子間相互作用を利用してタンパク質の立体構造を決めることができる．

7.2.1 タンパク質の NMR 構造解析小史

核磁気共鳴現象は，1945 年にパーセル（1912-　）等とブロッホ（1905-1983）等によって独立に発見された．この発見により，彼らは 1952 年にノーベル物理学賞を受けた．1957 年には，サンダー等が初めてタンパク質であるリボヌクレアーゼ A（相対分子質量 M_r 13,690）の NMR シグナルを観測したが，まだ構造解析できるほど高性能の装置ではなかった．1966 年にはエルンスト（1933-　）がフーリエ変換 NMR 法を開発し，1976 年にはパルスフーリエ変換法を用いた二次元 NMR 測定法を開発した．その功績により 1991 年にノーベル化学賞を受けた．1986 年には，ビュートリッヒ（1938-　）等が初めてタンパク質（アミノ酸 75 残基からなるテンダミスタット）の立体構造をNMR で決定し，その功績により 2002 年度のノーベル化学賞を受賞した．

7.2.2 NMR の原理

（a）原子核のスピンと小さな磁石

NMR は原子核の自転（スピン）と磁場の相互作用の性質を利用している．原子は，陽子（プロトン）と中性子からなる原子核と，陽子のプラス電荷を打ち消すように原子核の周囲に存在する電子からなる．原子核は自転に伴う核スピン角運動量 p をもち，その自転は量子化され核スピン量子数 I で表現される．核スピン量子数は核種によって異なり，ゼロか整数か半整数の値をもつ．核スピン角運動量 p は下の関係式によって表され，I がゼロの原子核は NMR 現象を起こさない．

$$p = (h/2\pi)(I(I+1))^{1/2} \quad (I = 0, 1/2, 1, 3/2, 2, 5/2) \tag{7.1}$$

例えば，原子核 ^4He，^{12}C，^{16}O は核スピン量子数がゼロなので，NMR の対象外となる．また，正の電荷をもった核の自転はループ電流と見なせるため，その周囲には磁場が発生し，核は NS 極をもった小さな磁石のように振る舞う（図 7-6）．この磁石の強さを核磁気モーメント μ といい，磁気回転比 γ を使って次のように表される．

$$\mu = \gamma p \tag{7.2}$$

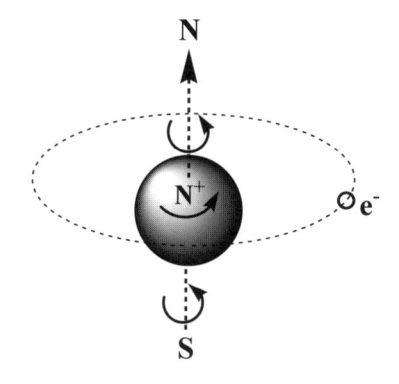

図7-6 原子核 N$^+$ のスピン．NS 極をもつ小さな磁石として振る舞う．

実際の NMR 現象は，この核磁気モーメントを通じて現れるが，γ の値は正負どちらの値ももち，核種に固有の定数として実験的に求められるパラメータである．

（b） 核磁気共鳴現象

ここでは NMR の二つの基本式を得る．原子核を磁場強度 B_0 の磁場中へ置くと，古典的にはコマの首振り運動に似た歳差運動を生じる（図7-7）．同時に，向きをもった（通常は z 軸とする）磁場と向きをもつ小磁石である核との相互作用により，核はいくつかの方向に配向するようになる（式(7.3)参照）．その配向の数はスピン量子数 I を使って $(2I+1)$ のように表せる．これはスピン状態の数ともいい，原子核を強度 B_0 の磁場中へ置くと，z 成分の異なるスピン状態が $(2I+1)$ 個出現する．すなわち，各々のスピン状態は固有の角運動量 z 成分 m をもつようになる．このときの角運動量の z 成分はスピン磁気量子数 m によって表され，スピン量子数 I と次の関係にある．

$$m = I, \ I-1, \ I-2, \cdots, \ 2-I, \ 1-I, \ -I \tag{7.3}$$

このように，磁場の影響を受けて核のスピン状態がいくつも現れることを，スピン磁気量子数の縮退が解け $(2I+1)$ 個のエネルギー準位に分裂したという．この分裂はゼーマン効果と呼ばれる．このとき現れる各エネルギー準位 E_m は

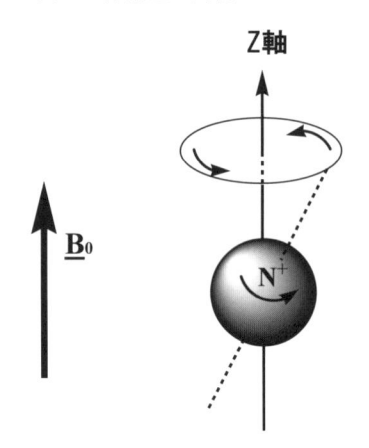

図7-7 原子核 N^+ の歳差運動．小さな磁石である核が磁場の中に置かれるとエネルギー順位の異なるスピン状態（歳差運動で表現）が現れる．

次のように表される．

$$\begin{aligned} E_m &= -\underline{\mu}\cdot\underline{B_0} \\ &= -\gamma\underline{p}\cdot\underline{B_0} \\ &= -\gamma(h/2\pi)m\cdot\underline{B_0} \end{aligned} \quad (7.4)$$

ここで下線はベクトルを表し，m は式(7.3)で与えられるスピン磁気量子数である．これが NMR の基本式の一つである．

　磁場の中に置かれた核は，スピン状態の数と同じ数の分裂したエネルギー準位をもつようになるため，各スピン状態からスピン状態へのエネルギー遷移の可能性をもつようになる．すなわち，磁場中に置かれた核に外部から電磁波を照射すると，ある特定の周波数 ν（式(7.5)参照）において電磁波エネルギーの吸収が起こる．これをエネルギー準位 E_1 から E_2 への励起といい，このときの ν を共鳴周波数という．また，核に吸収されるエネルギー ΔE は次のように表される．

$$\begin{aligned} \Delta E = E_2 - E_1 &= h\nu \\ &= h(\gamma/2\pi)B_0 \end{aligned} \quad (7.5)$$

これから，共鳴周波数 ν は磁場強度 B_0 に比例する形で表される．

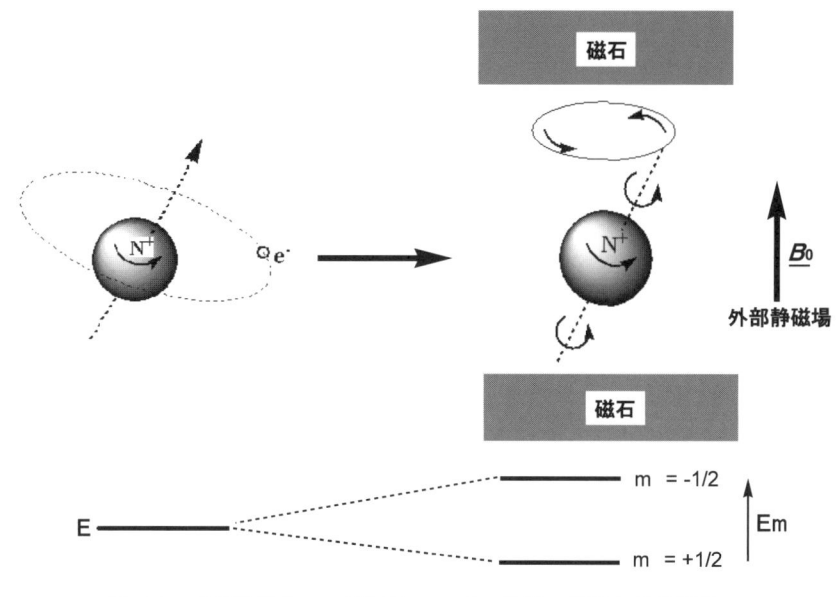

図 7-8 外部磁場中での原子核のスピン状態の分裂と歳差運動．

$$\nu = (\gamma/2\pi) B_0 \tag{7.6}$$

これが NMR のもう一つの基本式である．吸収されたエネルギーは逆過程で放出される．この電磁波エネルギーの吸収・放出のことを**核磁気共鳴現象**という（図 7-8）．核磁気共鳴を起こす共鳴周波数は，外部磁場の強度 B_0 が 2.35 T（T は磁場の強度すなわち磁束密度の単位で**テスラ**と読む）のときには，水素同位体 ^{1}H と炭素同位体 ^{13}C の核では，それぞれ 100 MHz と 25 MHz となる．これらの周波数は，テレビ放送や無線に使われる周波数帯にあるため，ラジオ波と呼ばれている．

（c） 共鳴周波数に影響する電子遮蔽と化学シフト

もし，外部磁場 B_0 の中に置かれた分子のすべての水素同位体 ^{1}H が同じ共鳴周波数 ν をもつならば，例えばメチレン CH_2 の水素とメチル CH_3 の水素を区別することができず，構造解析には役立たない．しかし実際には，NMR

の共鳴周波数 ν は原子核を取り巻く電子環境の微小な差に影響される．このことを，"原子核は電子によって磁気的に遮蔽されている"という．このときの遮蔽の程度を遮蔽定数 σ で表すと，実際の共鳴周波数 ν_{real} は，先の NMR の基本式(7.6)を使って次のように表される．

$$\nu_{real} = (\gamma/2\pi)B_0(1-\sigma) \tag{7.7}$$

すなわち，電子が原子核の周囲に強く引きつけられている（電子密度が高い）場合は，核は電子によって強く遮蔽されているといい，その場合は σ が大きくなるので共鳴周波数 ν_{real} は減少する．上記のメチレン CH_2 の水素とメチル CH_3 の水素は遮蔽定数が異なり，共鳴周波数も違うために区別することができる．このことが，NMR が構造解析に使える基本的な理由である．

分子を構成する各原子（同位体）が電子密度の異なる状態にあるとき，各原子に固有の共鳴周波数 ν_{real} が生じる．その周波数を表すためには基準周波数 ν_0 との差 $\Delta\nu$ を使う．

$$\Delta\nu = \nu_{real} - \nu_0 \tag{7.8}$$

水素同位体（^1H）と炭素同位体（^{13}C）の基準周波数 ν_0 として，テトラメチルシラン（TMS）の ^1H と炭素同位体 ^{13}C の共鳴周波数が使われることが多い（図7-9）．しかし，$\Delta\nu$ の値は非常に小さく **ppm**（10^{-6}）の程度であるため，実用上は次のように変換された量，すなわち**化学シフト** δ の値を使う．

$$\delta = 10^6 \times (\Delta\nu/\nu_0) \tag{7.9}$$

この δ の値は ppm 単位で表された値に等しい．

化学シフト δ の値は，一般の有機化合物の構造研究だけでなく，タンパク

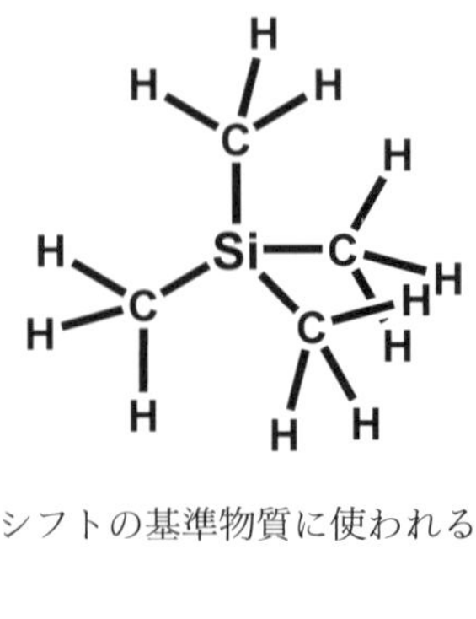

図 7-9　NMR の化学シフトの基準物質に使われるテトラメチルシラン．

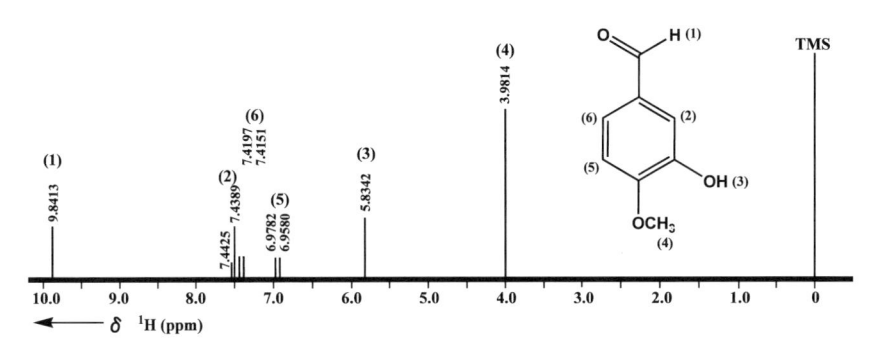

図 7-10 重水素クロロホルム CDCl$_3$ 中でのイソバニリンの ^{1}H-NMR スペクトル．溶媒に重水素化物を使うのは，軽水溶媒ではプロトンのシグナルが強く観測されるため．(1)位，(3)位，(4)位のプロトンの化学シフトシグナルは1本のピークを与えるが，ベンゼン環に直接結合している(2)位，(5)位，(6)位のプロトンのシグナルは2本のピークを与える．2本のピークは，共有結合を介して隣接するプロトン間の相互作用（^{1}H, ^{1}H カップリング）の結果として出現する．(5)位と(6)位のプロトン間のように三つの共有結合を介したものをビシナルカップリング ^3J といい，(2)位のプロトンと(1)位または(3)位のプロトン間のように四つ以上の共有結合を介したものを遠隔カップリング ^nJ という．各シグナルの強度は，同じ環境にある水素原子の相対的な数を反映する（測定は武庫川女子大学薬学部・堀山志朱代博士のご厚意による）．

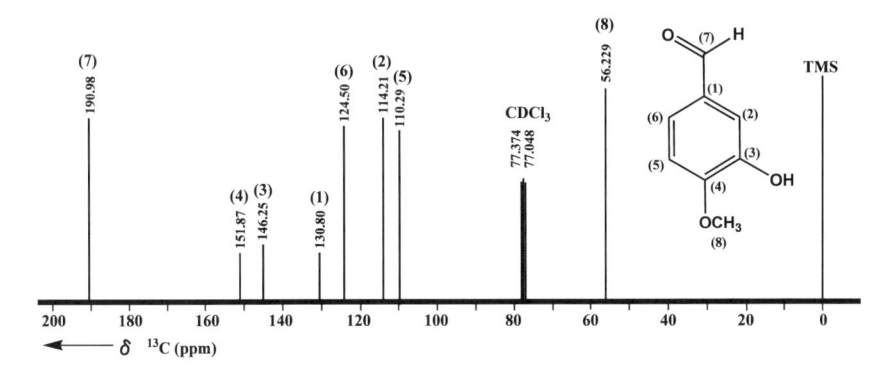

図 7-11 重水素クロロホルム CDCl$_3$ 中でのイソバニリンの ^{13}C-NMR スペクトル．スペクトルには，各位置に対応する炭素同位体 ^{13}C のシグナルが観測される他に，溶媒 CDCl$_3$ の炭素同位体 ^{13}C に由来するシグナルも観測される（測定は武庫川女子大学薬学部・堀山志朱代博士のご厚意による）．

質の立体構造の研究でも最も基本的な NMR 情報である．NMR による構造解析は，スペクトル上に観測される各共鳴ピークの周波数を，分子中の各原子核に当てはめる同定作業から始まる．図7-10 と 7-11 には，簡単な有機化合物の ^{1}H と ^{13}C の NMR スペクトルの例を示す．

7.2.3 タンパク質の立体構造を決める手順

化学シフト δ の値は，^{1}H, ^{13}C, ^{15}N などの核周囲の電子環境の僅かな違いでも異なり，0.01 ppm の違いでも観測される．そのため，同じメチレン CH_2 の水素であっても，例えば $(CH)_\alpha\text{-}(CH_2)_\beta\text{-}(CH_2)_\gamma\text{-}(CH_2)_\delta\text{-}(CH_2)_\varepsilon\text{-}NH_2$ のようなリジン残基中の $\beta, \gamma, \delta, \varepsilon$ 位のメチレンを互いに区別することができる（図7-12）．すなわち，あらかじめアミノ酸で測定して得た化学シフト値を参考にして，タンパク質中の各原子核を同定（アサイン）することができる．この同定が，タンパク質の立体構造を決めるための最初の作業である．しかし，タンパク質のように化学シフト値が僅かしか違わない同種の原子核を多数含む分子で，各共鳴ピークを分離して検出するためには，できるだけ磁場強度 B_0 の強い NMR 装置を使う必要がある（(7.7)式参照）．最低でも 600 MHz の磁場強度をもつ装置が必要とされる（写真 7-1）．

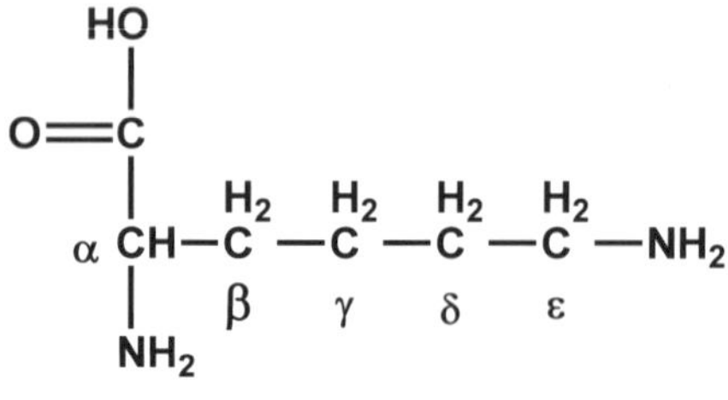

図 7-12 リジンの化学構造．ペプチド主鎖から飛びだしているアミノ酸側鎖（図では $\text{-}CH_2\text{-}CH_2\text{-}CH_2\text{-}CH_2\text{-}NH_2$）には，主鎖上の炭素を α 炭素として，順次 $\beta, \gamma, \delta, \varepsilon$ 炭素のように区別される．

タンパク質の NMR スペクトル（図7-13(左)）を得て各原子核の同定が終了した後，異なる位置にある同種あるいは異種原子核間での相互作用の有無と相関の強さを計測すると，核間の距離情報が得られる．二つの原子核が数個程

7.2 核磁気共鳴法　91

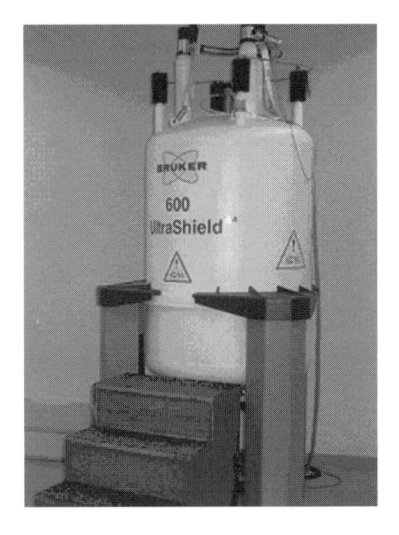

写真 7-1　600 MHz の外部磁場をもつ超伝導 NMR 装置．

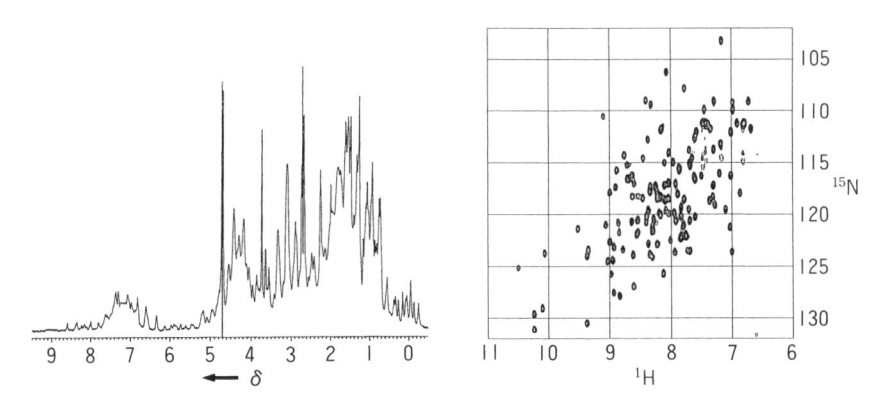

図 7-13　NMR によってタンパク質の立体構造を得る手順．タンパク質の ^{1}H-NMR スペクトル（左）から各水素原子核を同定し，核間相互作用の情報を得るために二次元 NMR スペクトル（右）を得る．この相関図は，数個離れた共有結合によって結ばれている ^{1}H と ^{15}N の相互作用を表している（柳田　他編：分子生物学 (1999) p. 45 より[4]，九州大学大学院・神田大輔博士および生物分子工学研究所長・森川耿右博士のご厚意による）．

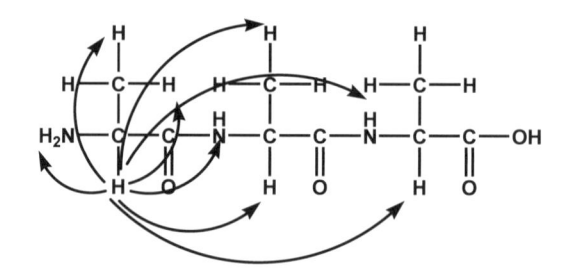

図7-14 ペプチド主鎖における水素原子核間相互作用．

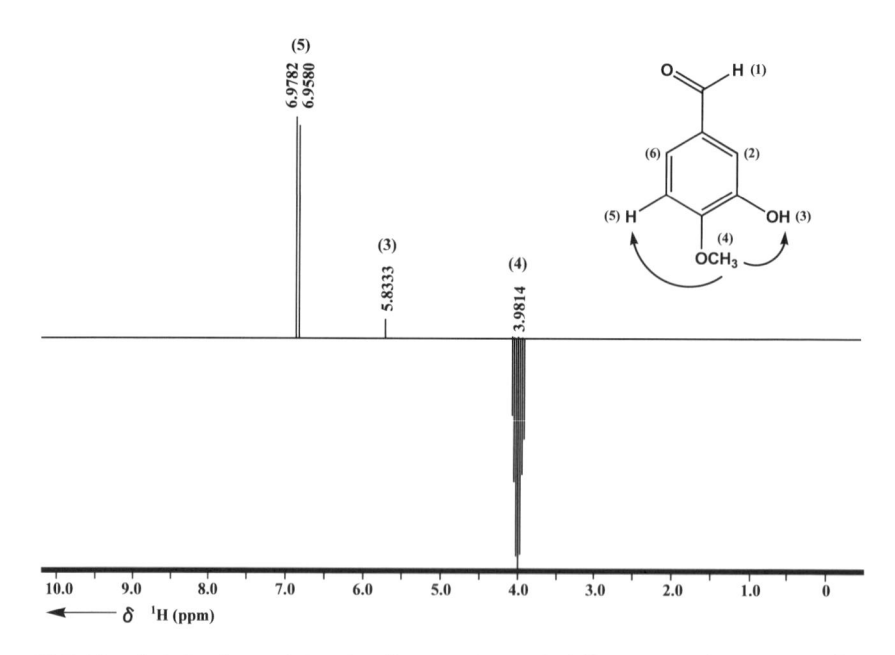

図7-15 イソバニリンの ^{1}H-NOE 差スペクトル．（4）位のメチルプロトンの共鳴周波数を照射しながら測定すると，近接相互作用のある（3）位と（5）位のプロトンのシグナル強度がわずかに増加して観測される．その増加分だけを観測したのが本図で，（4）位プロトンの共鳴周波数を照射せずに測定した基準シグナルとの差をとっているために差スペクトルという（測定は武庫川女子大学薬学部・堀山志朱代博士のご厚意による）．

度の共有結合で連結している場合，核間の相互作用を二次元 NMR スペクトルあるいは三次元 NMR スペクトルとして得ることができる（図 7-13(右)）。核間距離と原子配置情報を得る技術には，例えば ^{1}H 原子核間の短距離（通常 5 Å 以内）での相互作用を調べるための**核オーバーハウザー効果**（nuclear Overhauser effect, NOE）法がある。核間の双極子相互作用は核間距離を r とおくと $1/r^6$ に比例するので，NOE によるシグナル強度の変化量から核間距離を求めることができる。この操作を，各水素原子核に対して行えば（図 7-14），互いの距離が求められるだけでなく，立体配置も決めることができる。図 7-15 には，図 7-10 に示した ^{1}H-NMR の化合物の水素原子核間の NOE スペクトルの例を示す。

7.3 タンパク質の溶液中構造と結晶構造の違い

X 線結晶構造解析と NMR によって得たタンパク質の立体構造，すなわち，結晶構造と溶液中の構造はよく似ている。この理由は，数百ものアミノ酸残基から構成されるタンパク質では，部分的なアミノ酸配列に特有な折りたたみ構

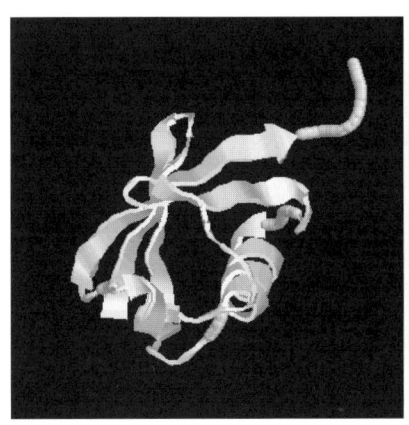

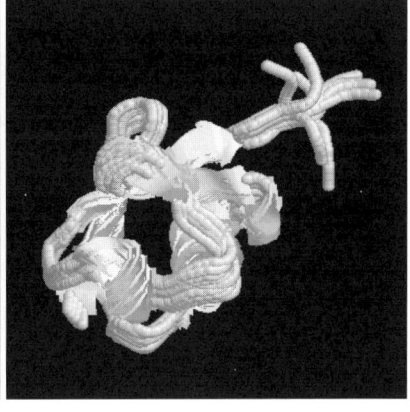

図 7-16　ユビキチンの結晶構造(左)(Protein Data Bank Japan より転載, ID：1UBQ) と溶液中構造(右)(Protein Data Bank Japan より転載, ID：1D3Z). 溶液中では右上に伸びる C 末端側の構造が揺らいでいる.

造（二次構造を基本としたドメインと呼ばれる構造単位）をもつためである．ドメインとは一塊の領域といった意味で，タンパク質を立体構造によって分類するときによく使われる．折りたたまれたタンパク質は，空間的な充塡密度が高く，そのために圧縮率も小さい．しかし，折りたたみによって完全に空間を充塡するのは難しく，充塡密度の低い空孔（キャビティ）と呼ばれるポケットが生成する．空孔はさまざまな形と大きさをもち，**神経伝達物質**やホルモンなどの小さな質量の分子（リガンド）を取り込んで受容体タンパク質として機能したりする．また溶液中のタンパク質は，N末端側とC末端側のペプチド鎖が溶液中に溶けだすようにしてふらふらしており，結晶構造のように位置が決まらないことも多い．以下にユビキチンを例に示すが，結晶構造（X線）は原子位置が確定しているのに対して，溶液中構造（NMR）は揺らいでいることがわかる（図7-16）．

上に示したユビキチンでは，結晶でも溶液中でも立体構造は比較的外観において似ていた．多数のアミノ酸残基から成るタンパク質において，単位ペプチド主鎖 $-C_\alpha-CO-NH-C_\alpha-$ のカルボニル酸素 $-(C=O)-$ とアミド基 $-CONH-$ の水素原子とは**分子内水素結合**を形成し，それによって二次構造（αヘリックスやβシート構造）が形成される．二次構造は自発的な分子内水素結合の結果として形成されるが，この自発性は周囲に溶媒分子や隣接分子が存在しないときに特に著しい．すなわち，溶媒や周囲分子との相互作用はタンパク質の高次構造の形成を阻害することもある．溶媒分子とペプチド主鎖との分子間相互作用，溶媒分子とアミノ酸側鎖との分子間相互作用が，自発的な二次構造の形成を阻害するため，特にアミノ酸残基数の少ないポリペプチドでは溶液中構造と結晶構造とが大きく異なることがある．例えば，29残基からなるペプチドホルモンであるグルカゴンはαヘリックスを形成するが，ユビキチンと比較すると，結晶構造と溶液中構造が大きく異なる（図7-17）．

グルカゴンは，分子単独では自発的にαヘリックス構造を形成するが，周囲に別のグルカゴン分子や水溶媒があると，相互作用により構造形成を阻害される．特に，N末端のヒスチジン1をはじめとして，セリン2，グルタミン3，トレオニン5，トレオニン7，セリン8，セリン11，セリン16は水素の供

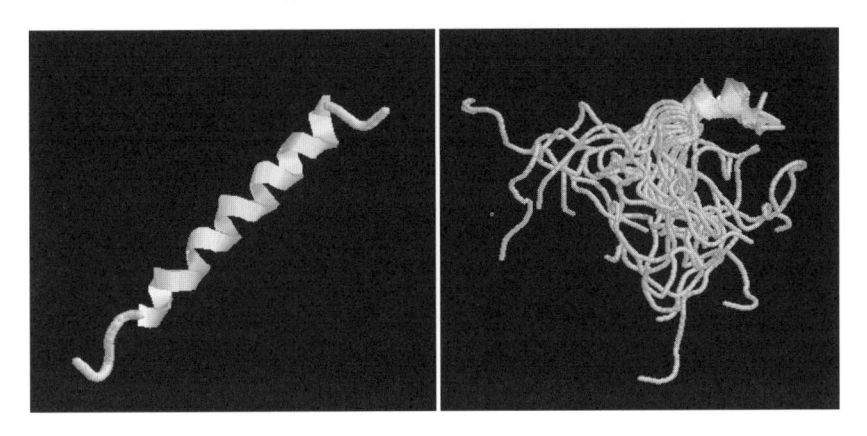

7.3 タンパク質の溶液中構造と結晶構造の違い

図7-17 グルカゴンの立体構造．結晶構造（左）(Protein Data Bank Japanより転載，ID：1GCN)ではヘリックスが特徴的でN末端（左下）のヒスチジン1とC末端のトレオニン29（右上）の配置は明確である．溶液中構造（右）(Protein Data Bank Japanより転載，ID：1KX6)ではヘリックス含量は極端に減り僅かにC末端側に残るだけで，N末端側の構造が大きく揺らいでいてヒスチジン1の位置はまったく定まらない．

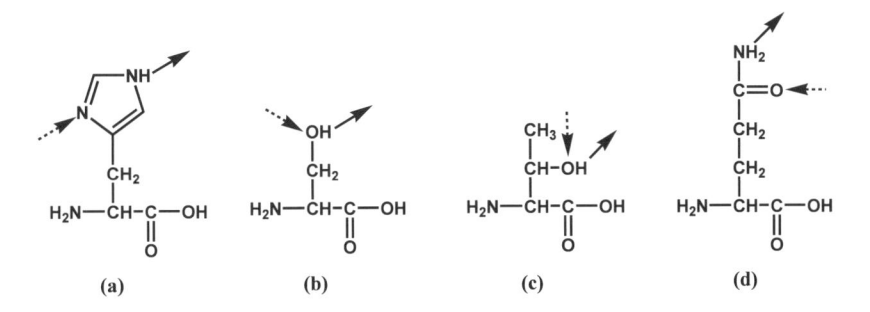

図7-18 塩基性アミノ酸(a)ヒスチジン，および中性アミノ酸(b)セリン，(c)トレオニン，(d)グルタミンにおける水素供与部位（実線矢印）と水素受容部位（破線矢印）．

与体としても受容体としても働き（図7-18)，周囲分子との**分子間水素結合**により二次構造の形成が阻害される．二次構造の形成は，分子内水素結合と分子間水素結合の競争の結果として決まる．

第8章
インターネットでタンパク質の形を見る

　タンパク質の構造，特に三次構造と呼ばれる立体構造を直観的・視覚的に理解する方法は，インターネットを使って直接にその形を見ることである．単なる立体構造だけでなく，パソコンの画面上であらゆる方向から観察でき，ホルモンなどリガンドの結合位置や付加している水分子の位置を正確に見ることができる．ここでは，タンパク質データバンクにアクセスして，タンパク質の構造情報を得る方法について述べる．なお，本内容の日本語での詳細な説明は，以下のウェブサイトで見ることができる．http://www.dna.affrc.go.jp/htdocs/mm/pdb/

8.1　ホームページにアクセスする

　タンパク質の形や構造を知るには，パソコンを使いインターネットでタンパク質データバンク（Protein Data Bank, PDB）にアクセスしてみるとよい．PDBは，米国のブルックヘブン国立研究所に集積されている生体高分子の立体構造のデータベースである．PDBのホームページには次のウェブサイトhttp://www.rcsb.org/pdb/から，どこからでもだれでも自由にアクセスすることができる．また，日本蛋白質構造データバンク（Protein Data Bank Japan）のウェブサイト http://www.pdbj.org/ からもアクセスが可能である．そのなかには，X線結晶解析やNMRによって得られた立体構造だけでなく，一次構造や二次構造情報なども記載されている．受容体ではリガンドの配置まで表示し，金属原子複合体では金属の配置も詳細に表示される．また，タンパク質の機能発現に重要な役割を果たしている水分子の位置情報も表示されるため，構造と機能との関係を視覚的に理解しやすい．

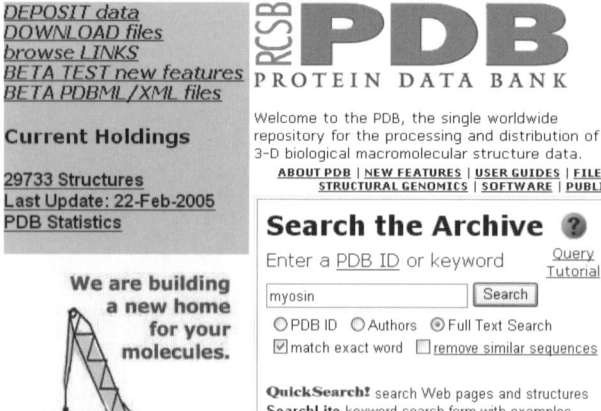

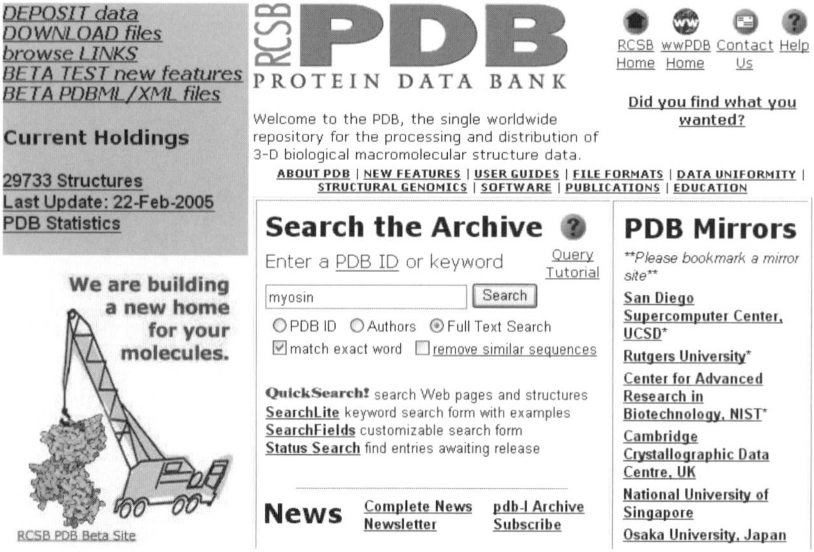

98   第8章　インターネットでタンパク質の形を見る

図 8-1　タンパク質データバンク（PDB）のホームページ（Protein Data Bank Japan より転載）．ここに希望するタンパク質の情報を入力する．

　PDB のホームページにアクセスすると，図 8-1 のような表示とともに，知りたいタンパク質の情報（登録コード PDB ID，またはタンパク質名）の入力を求められる（図 8-1）．登録コード PDB ID はタンパク質ごとに割り当てられている算用数字とアルファベットの組（例えば，1BG2 など）で，検索前には不明なことも多い．PDB ID が不明な場合，タンパク質名を入力することになる．ここに必要事項を入力し search をクリックすると，関連するタンパク質の検索結果が表示される（図 8-2）．例えば，図 8-1 では筋肉タンパク質であるミオシン（myosin）を入力した．

8.2　検索結果から必要なタンパク質データを選択する

　希望するタンパク質の検索結果（図 8-2 では myosin）には，一般には少し

図 8-2 表示されたタンパク質データ (Protein Data Bank Japan より転載).

ずつ情報の異なる多くのタンパク質データが表示されている．各データには，そのタンパク質の登録コード（例えば，1B7T，1BG2 など），登録日，構造解析に使った方法が X 線結晶解析なのか NMR なのか，X 線ならば分解能の値，タンパク質の名称等の情報，特定のアミノ酸を別のアミノ酸に置き換えたいわゆるリコンビナント情報が記載されている．検索者は，そのなかから必要なタンパク質データを選び（例えば，最上段の1B7T），EXPLORE の部分をクリックすると，そのタンパク質に関する総合情報メニューが表示される（図8-3）．

8.3 総合情報メニュー

総合情報メニュー Summary Information には，登録者，登録日などの情報

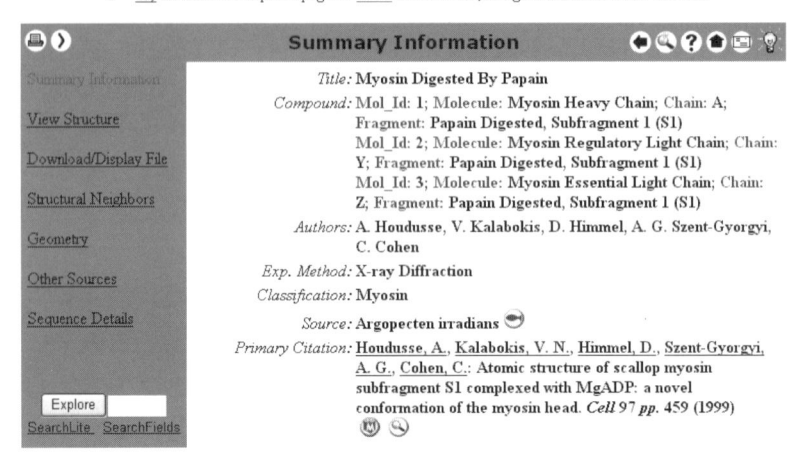

100 第8章 インターネットでタンパク質の形を見る

図8-3 選択したタンパク質データの総合情報メニュー（Protein Data Bank Japan より転載，ID：1B7T）．

が記載されている（図8-3）．このなかでタンパク質の構造を見るために使うメニューは，View Structure（立体構造を見る）と Sequence Details（一次構造と二次構造情報を見る）である．特に View Structure は，タンパク質の形を見たり，構造と機能の関連を直観的に理解したりするのに欠かせないメニューである．

8.4 立体構造を見る

まずは簡易的な立体構造を表示するには，総合情報メニューの右上の隅にあるイラストをクリックするか View Structure をクリックする．表示された画面の下方にある Still Images（図8-4）の Ribbons または Cylinders をクリックすれば，立体構造が表示される（図8-5は，Ribbons 500×500 をクリッ

8.4 立体構造を見る　　101

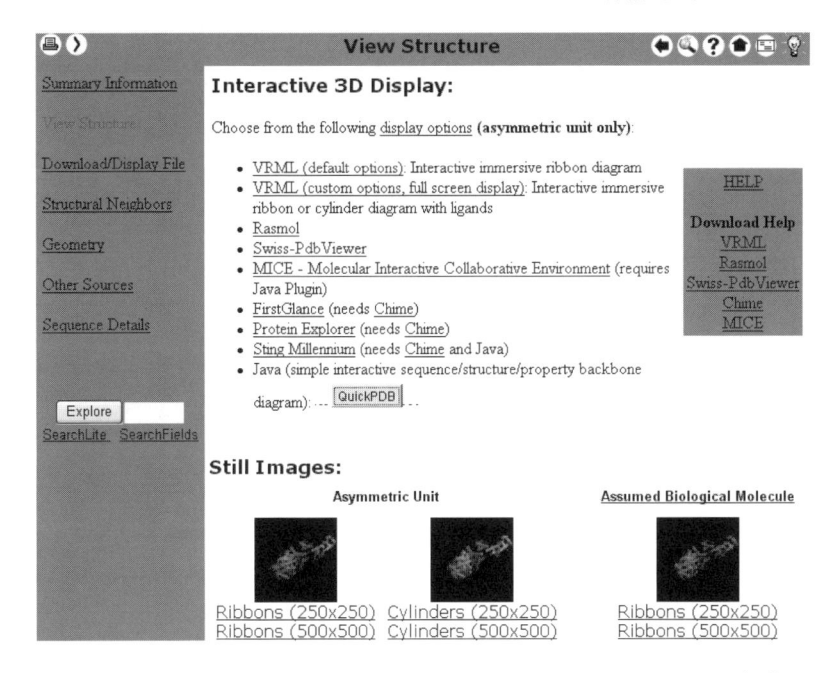

図 8-4　View Structure の Still Images（Protein Data Bank Japan より転載，ID：1B7T）．

した結果）．しかし，この方法ではアミノ酸の位置やリガンドの位置を同定したり，パソコンのマウスを使って立体配置を回転させたり拡大したり，立体構造の詳細な情報を得るための操作はできない．

　詳細な立体構造情報を得るためには，必要な画像処理ソフトをダウンロードする必要がある．例えば，View Structure メニュー（図 8-4）の中央右側にある Download Help から画像処理ソフト Chime をクリックしてダウンロードする．そうすれば画面上の立体構造表示メニューから FirstGlance, Protein Explorer, Sting Millennium を使って立体構造を表示することができるだけでなく，タンパク質の表示デザインや色を変えたり，ジスルフィド (**S-S**) **結合**を表示したりすることもできる．特に FirstGlance を使えば，立体構造だけでなく，**ヘム情報**，結晶水の位置なども見ることができる（図 8-6）．これらの

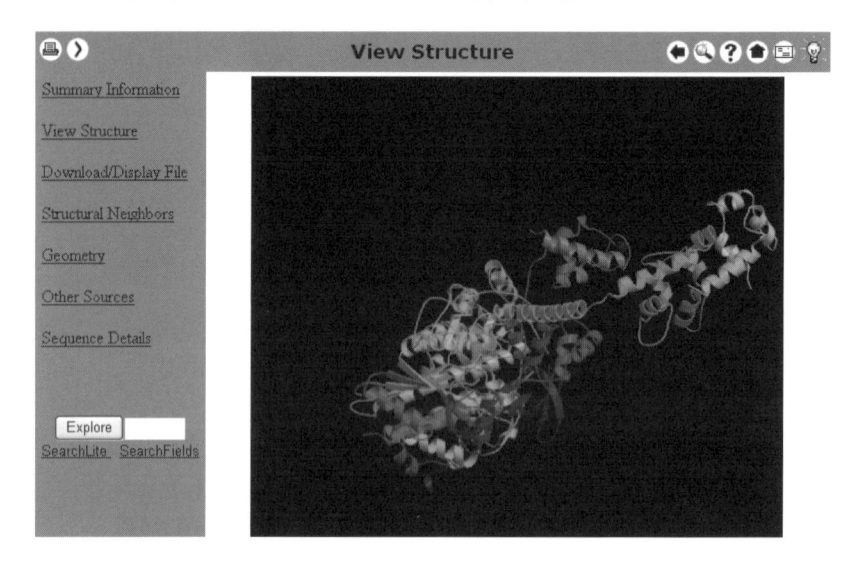

図 8-5 Still Image による立体構造表示（Protein Data Bank Japan より転載，ID：1B7T）．

　表示デザインなどを変更するには，パソコンのマウスのカーソルを立体構造画面の適当な位置に置き，マウスを右クリックすればよい．また，画面中央にあるメニューの Ligands の On または Off のボタンをクリックすることにより，このタンパク質に結合している小分子の位置が表示されたり消失したりする．結晶水の位置の情報を得るには，Water を On または Off にすればよい．また，Background で背景を暗くしたり，Spin で立体構造画面を回転させたりすることもできる．また，立体構造の適当な位置にマウスのカーソルを合わせると，N 末端から何番目のアミノ酸なのかが表示される．これは大変便利な機能で，ホルモンや金属が取り込まれているときに，何番目のどのアミノ酸と相互作用しているかが即座にわかる．
　立体構造の表示の次によく使う機能は，一次構造と二次構造の情報である．これらの情報は，左のメニューの Sequence Details をクリックして表示させる．

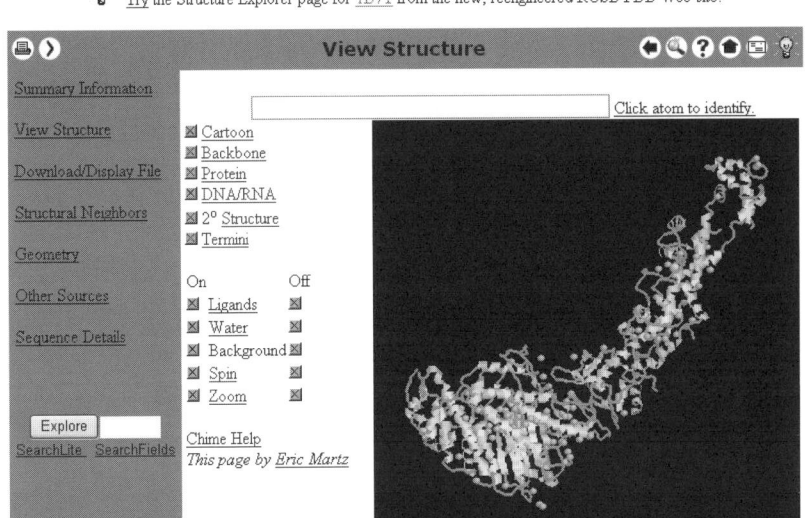

8.5 一次構造と二次構造の情報を見る　　103

図 8-6　FirstGlance による立体構造表示（Protein Data Bank Japan より転載，ID：1B7T）．この表示では，画面中央にある On と Off の機能を使って図の回転や拡大などの操作が可能．

8.5　一次構造と二次構造の情報を見る

総合情報メニューの Sequence Details をクリックすると，選択したタンパク質のアミノ酸配列と二次構造情報が表示される（図 8-7）．同時にこの画面には，相対分子質量，アミノ酸残基の数，α ヘリックスの数と含有率および β シートの数と含有率などの情報も表示される．アミノ酸配列は N 末端側から一文字表記で表示され，その下段に二次構造を表す記号（G, T, S, E, B, H, I）が一文字表記で表示される．

二次構造を表す一文字表記記号の意味は以下のようである．
　H：α ヘリックス，G：3_{10} ヘリックス，I：π ヘリックス，E：β ストランド，T：水素結合ターン，S：ベンド，B：孤立残基．

Chain 1B7T:A

Compound	**Myosin Heavy Chain**		
Type	**Protein**		
Molecular Weight	95179		
Number of Residues	835		
Number of Alpha	31	Content of Alpha	39.64
Number of Beta	22	Content of Beta	11.98

Sequence and secondary structure

```
  1 MNIDFSDPDF QYLAVDRKKL MKEQTAAFDG KKNCWVPDEK EGFASAEIQS
           GGG TTTS               T TTEEEEE SS SSEEEEEE B

 51 SKGDEITVKI VADSSTRTVK KDDIQSMNPP KFEKLEDMAN MTYLNEASVL
      TTEEEEEE TTT  EEEEE GGGEE      G GGTT SBGGG SS  SHHHHH

101 YNLRSRYTSG LIYTYSGLFC IAVNPYRRLP IYTDSVIAKY RGKRKTEIPP
    HHHHHHHTTT    EEEETTEE EEE  SS   T TSSHHHHHHH TTTTTTTS

151 HLFSVADNAY QNMVTDRENQ SCLITGESGA GKTENTKKVI MYLAKVACAV
    HHHHHHHHH  HHHHHTTSEE EEEE STTS  SHHHHHHHHH HHHHHHS

201 KKKDEEASDK KEGSLEDQII QANPVLEAYG NAKTTRNNNS SRFGKFIRIH
            HHHHHH HHHHHHHHHH EE  SS TTE E SEEEEEEE

251 FGPTGKIAGA DIETYLLEKS RVTYQQSAER NYHIFYQICS NAIPELNDVM
    E TTSSB  E EEEEE   GG GTT   TT   SBHHHHTTT TTTHHHHHHH
```

図8-7 アミノ酸配列と二次構造情報（Protein Data Bank Japan より転載，ID：1B7T）．

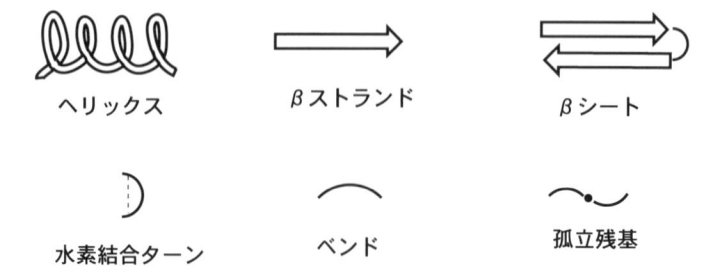

図8-8 二次構造描画の表現法．

ヘリックス　βストランド　βシート　水素結合ターン　ベンド　孤立残基

ここで，ヘリックスに三種類あるのは，ペプチド主鎖がらせん状に回転しながらヘリックスを形成する際に，1回転（1ピッチともいう）あたりのアミノ酸の残基数の異なるヘリックス構造があるためである．この詳細は第12章で述べるが，**α ヘリックス**は詳しくは 3.6_{13} ヘリックスという．この意味は，1ピッチあたり3.6残基のアミノ酸が存在し，ヘリックスを形成したときに生じる分子内水素結合の環を構成する原子の数が13個であることを示している．π ヘリックスは 3_{14} ヘリックスが正式名称である．また，二次構造を立体的に描画するときの簡便な表現法を図8-8に示す．

第9章
タンパク質の階層構造

　タンパク質が一般の有機化合物と違うのは，長い鎖状の高分子であるというだけでなく，それが折りたたまれて次元の異なる階層構造をつくり上げているところにある．この階層構造がなければ，タンパク質は生物にとって何の役にも立たない単なる有機化合物にすぎない．しかし，長い鎖状の一次元構造が折りたたまれてコンパクトな三次元構造（立体構造）をもつと，ナノメートルサイズの大きさの構造体とエンジンのような機能が現れてくる．

9.1　タンパク質は有機化合物

　タンパク質には生き物とか食肉のイメージが強いため，生もので腐ってしまうようなものでできていると考えるかもしれない．しかし，タンパク質は純粋に化学物質である．驚くかもしれないが，環境汚染物質であるダイオキシンやポリ塩化ビフェニル（PCB）などと同じ有機化合物である．さらにシックハウス症候群の原因物質であるトルエンやキシレン，そして環境ホルモンであるオクチルフェノールやビスフェノールAなどと同じく，有機化合物の仲間である．実際，ダイオキシンやトルエンの部分的な構造であるベンゼン環は，タンパク質の中にはフェニルアラニンとして含まれているし，環境ホルモンの特徴であるフェノールもタンパク質の中ではチロシンとして含まれている（図9-1）．

　純粋な化学者の目から見ると，ダイオキシンもトルエンもオクチルフェノールも，そしてタンパク質もDNAでさえも単なる有機化合物に過ぎない．単純にいえば，その違いはサイズが大きいか小さいかだけである．どの有機化合物も炭素，水素，酸素，窒素などの共通の原子からできていて，その数と組み合

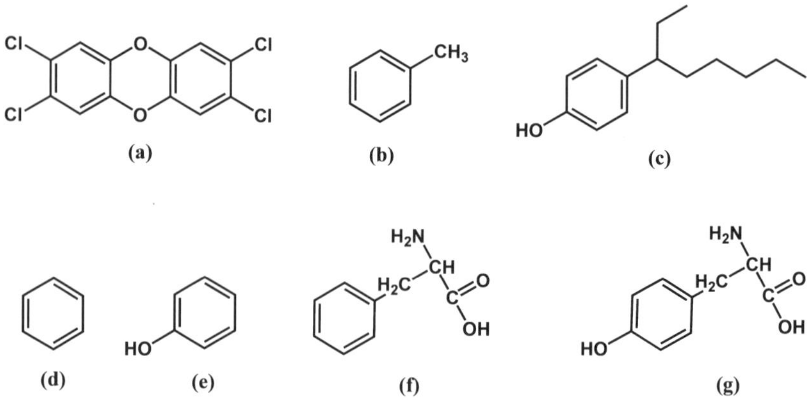

108　第9章　タンパク質の階層構造

図9-1　タンパク質は化学物質．
（a）ダイオキシン，（b）トルエン，（c）オクチルフェノール，（d）ベンゼン，（e）フェノール，（f）フェニルアラニン，（g）チロシン．

わせが違うだけである．とはいえ，こういった小さな部品材料の組み合わせが生物の多様性を生みだしている原因でもあり，化学構造の少しの違いでも，人間にとっては薬か毒かといった大きな違いになって現れてくる．また，巨大分子であるタンパク質には，ベンゼンやフェノールなどの小さな分子とは違う特有の階層構造がある．この階層構造を理解することが，タンパク質と他の有機化合物との違いを理解することでもある．

9.2　タンパク質の階層構造

　タンパク質には，一次構造，二次構造，三次構造，四次構造と呼ばれる階層構造があり，四次構造がもっとも高い階層にある．上位の階層にある構造は，下位の階層に基づいてできあがっている．すなわち，四次構造には一次から三次までのすべての構造の寄与があり，三次構造には一次と二次構造が，二次構造には一次構造が寄与している（図9-2）．さらにいえば，一次構造をつくっているのはアミノ酸であり，すべての階層構造の基になっている．

9.2 タンパク質の階層構造　　109

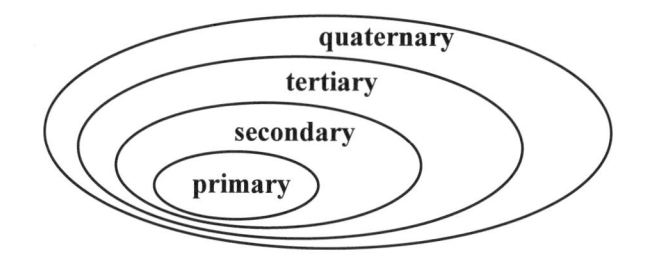

図 9-2　タンパク質の階層構造．一次（primary），二次（secondary），三次（tertiary），四次（quaternary）構造は入れ子構造で階層をなしている．

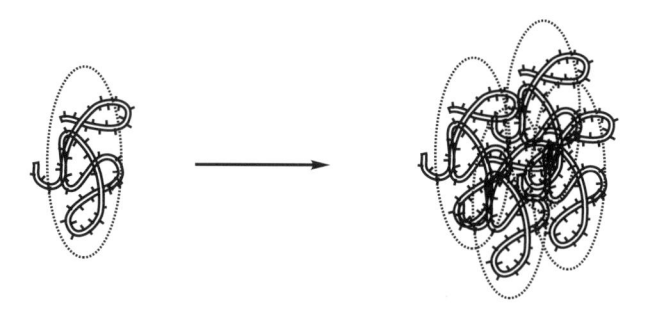

図 9-3　三次（立体）構造をもつタンパク質(左)が集まり四次構造(右)をつくる．

　タンパク質の四次構造は，個々のタンパク質同士が疎水結合や水素結合などの非共有結合でつながってできた複合体の立体構造のことである．イオンポンプや筋肉収縮に関わるいわゆる働くタンパク質のほとんどが，四次構造を形成することによって機能を果たしている（図9-3）．
　タンパク質の三次構造は，1個のタンパク質の立体構造のことで，すべての原子は共有結合で結ばれている．タンパク質の三次構造には，まとまった安定なかたまり（ドメイン）がいくつか集まってできたものもあり，その場合でも各ドメイン間は共有結合で結ばれている（図9-4）．また，タンパク質の三次構造は，小さなドメインである二次構造が折りたたまれてできている立体構造ということもできる．
　タンパク質の二次構造は，タンパク質の立体構造に直接影響するため，階層

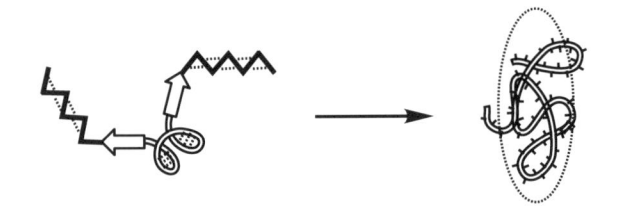

図 9-4 タンパク質の三次構造(右)は二次構造(左)が折りたたまれてできる．

図 9-5 タンパク質の二次構造(右)はヒモのような一次構造(左)の分子内水素結合によってできる．

構造の中でもっとも重要な位置を占めている．二次構造は，鎖のような一次構造がより合わさったり折れ曲がったりしてできている．より合わさった部分や折れ曲がった部分は，関節のように自由に動ける部分によって接合されていて，それぞれの部分には二次構造に特有の名称が付けられている（第8章，8.5節参照）．いろいろな形の二次構造ができる原因は，一次構造をつくり上げているペプチド主鎖間での**分子内水素結合**にある（図9-5）．

タンパク質の一次構造は，アミノ酸が鎖状に連なったヒモのようであり，その構造は連なっている各種アミノ酸の配列順序と長さによって特徴づけられる．また一次構造は，**N末端**から**C末端**へ向かう**ペプチド主鎖**をもち，その主鎖上の α 炭素（C_α）から**アミノ酸側鎖**が飛びだしている（アミノ酸側鎖の炭素の名称については図7-12参照）．アミノ酸同士は，脱水反応による**ペプチド結合**（アミド結合ともいう）の形成によって連なっている（図9-6）．

一次構造をつくりあげているアミノ酸はいわばタンパク質のゼロ次構造であり，その特徴は側鎖の構造と性質ということになる（通常はタンパク質のゼロ次構造といういい方はしない）．アミノ酸側鎖の構造と性質は，それぞれ特定

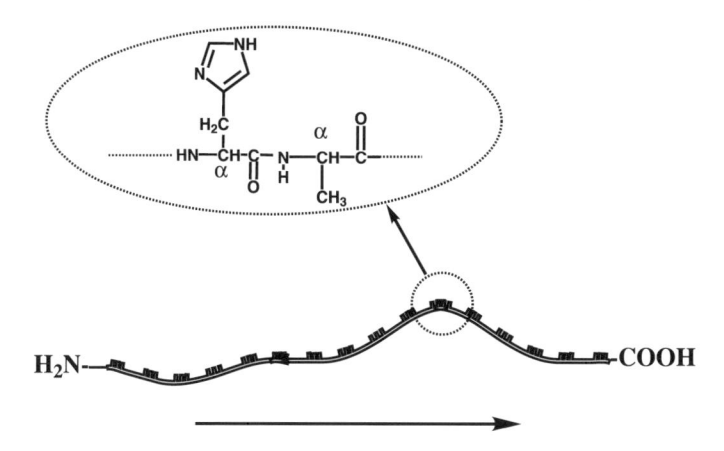

図 9-6 タンパク質の一次構造．ペプチド結合（C=O）-NH でアミノ酸が連なる主鎖をもつ．主鎖は N 末端（NH$_2$）から C 末端（COOH）へ向かう方向性をもち，主鎖上の α 炭素からはアミノ酸側鎖が飛びだしている．

の二次構造の取りやすさ，およびタンパク質の性質に影響するため重要である．このことは第 12 章で述べる．

9.3　タンパク質の折りたたみイメージと関節構造

　タンパク質の立体構造が二次構造の折りたたみからできていることを視覚的に理解するには，まず両端にフックの付いたバネや方向性をもった棒磁石を考えてみるとよい．バネや棒磁石はそれ自身では硬くてしっかりした構造をもつので，それらが柔らかくて短いヒモ状の関節で結ばれていることを考えると，タンパク質の折りたたみをイメージしやすい．バネや棒磁石などの材料，およびそれらをつなぐ関節部分には，図 9-7 に示すような二次構造に相当する部品を考える．二次構造の各名称は第 8 章を参照．

　上の材料を使い，棒磁石同士やバネ同士を関節材料でつないでみると，いろいろな組み合わせができる．実際のタンパク質とは異なるが，一列につないで平面に並べた例を示す（図 9-8）．このモデルを折りたたむことを考えてみよ

第 9 章　タンパク質の階層構造

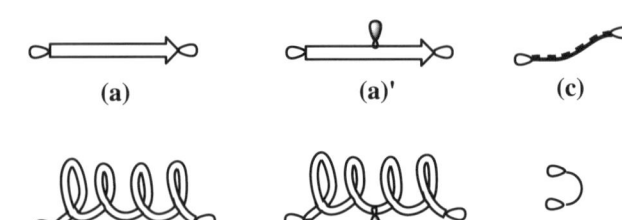

図 9-7　タンパク質の立体構造をつくり上げている二次構造の部品材料．（a）両端にフックの付いた棒磁石（ストランドに相当），（a）′両端とその間に特殊なフックの付いた棒磁石（ストランドに相当），（b）両端にフックの付いたバネ（ヘリックスに相当），（b）′両端とその間に特殊なフックの付いたバネ（ヘリックスに相当），（c）両端にフックの付いた関節（ベンドに相当），（d）両端にフックの付いた曲がった関節（ターンに相当）．同じ型のフックだけが接合することができる．

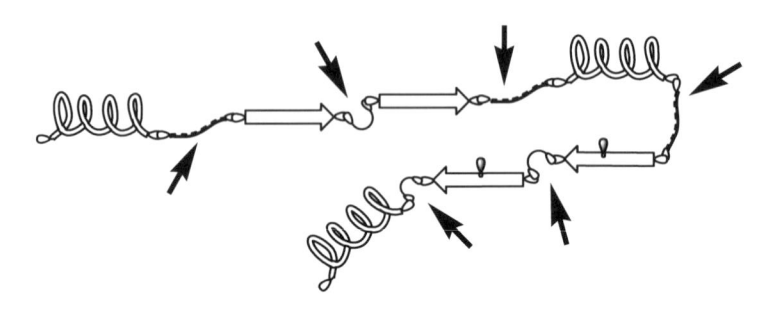

図 9-8　二次構造部品をつないでできた一列の構造．矢印は自由に曲がる関節部分でベンドとターンに相当．

う．その際，棒磁石同士は接合してシートのような形をつくり，バネは棒磁石とは接合せず関節のところで自由に折れ曲がりふらふらしている．関節のところは自由に折れ曲がるが，バネと棒磁石は形が固定されているので自由に変形できない．

タンパク質は，このように自由に変形しづらい部分（ヘリックスやシート）と自由に折れ曲がることのできる関節のような部分（**ベンド**や**ターン**）からで

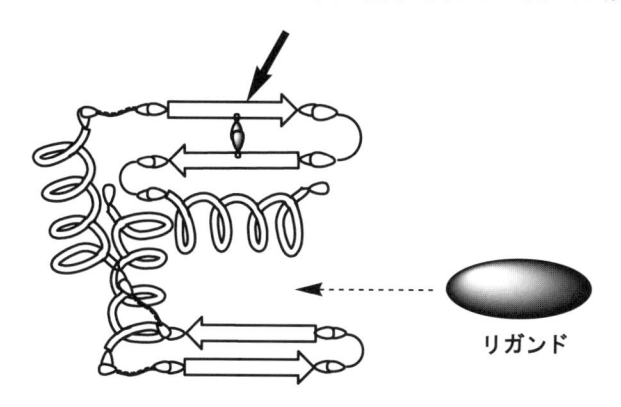

図 9-9 二次構造が折りたたまれてできたタンパク質の立体構造モデル．実線矢印は，中間に付いた特殊なフック同士が結合（矢印に注意）してできた共有結合で，ジスルフィド（S-S）結合に相当．折りたたまれたタンパク質に空隙があるとホルモンなどの小分子（リガンド）が結合．

きている．実際に折り曲げた例を示す（図 9-9）．容易に想像できるように，関節部分で折り曲がってできた立体物には，磁石とバネの形が障害となって隙間ができてしまう．この隙間が小さければ水分子が入り込み水素結合を形成してタンパク質の構造を強固にしたり弾力性を与えたり，また大きな隙間ならばそこに薬物や**ホルモン**などの化学物質が入り込むこともある．進化の過程で，タンパク質の立体構造がつくりだす空隙に特定の化学物質が入り込み，情報伝達の引き金として働く機能をもつようになったタンパク質を**受容体**といい，そのような化学物質を**リガンド**（ligand）という（図 9-9 および第 10 章参照）．

9.4 タンパク質の性質を決めているアミノ酸

　タンパク質の性質を決めているアミノ酸について述べておく．タンパク質は，三次構造や四次構造に付随して現れる機能をもつが，それらの機能の多くは他のタンパク質やリガンドとの相互作用，そしてタンパク質が置かれている生体内環境との相互作用から生まれる．その相互作用の本質は，生物的というよりも物理化学的である．生体内のいろいろな部位で機能を発揮しているタン

パク質は，その置かれた環境部位に物理化学的に適合していなければ役に立たず，また不安定で分解する可能性もある．すなわち，骨を形成するタンパク質であるコラーゲンやスポンギン，皮膚や毛髪や爪などを形成するケラチンやエラスチン，筋肉を形成するミオシンやアクチン，水溶性で多量の無機イオンを含む細胞質中に溶け込み生体反応を制御している酵素，油の海のような細胞膜に溶け込み外との情報伝達を受けもつ受容体などは，その置かれている環境に適合している．その適合性は，最も階層の低い位置にあるアミノ酸の物理化学的性質に依存している．その大きな理由は，タンパク質が周囲と相互作用するときに最初に触れあうのはアミノ酸側鎖だからである（図9-10）．

タンパク質の性質は，物理化学的には親水性，疎水性，酸性，塩基性に分けることができる．これらの性質は，折りたたまれたタンパク質を球状に見立てたとき，その球表面（タンパク質表面）から突出しているアミノ酸側鎖の性質によって決まる．親水性のタンパク質は，核内や細胞質内の水溶性イオン環境によく溶け，タンパク質表面からはイオン性あるいは親水性のアミノ酸側鎖が

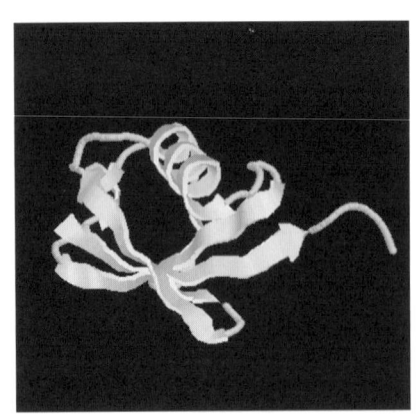

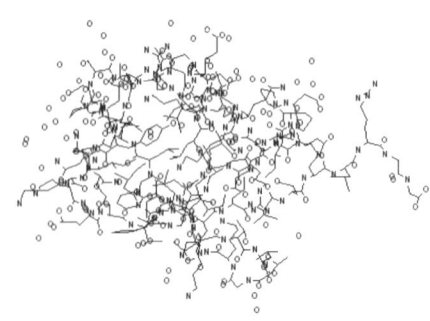

図9-10 ユビキチン（Protein Data Bank Japanより転載，ID：1UBQ）の三次構造(左)とアミノ酸側鎖の情報を付加した表示(右)．左右の図の位置関係は対応している．左の表示ではペプチド主鎖に沿った形だけが表示され，右の表示では主鎖から分岐突出しているアミノ酸側鎖の情報も見られる．○は水分子の位置を示す．

9.4 タンパク質の性質を決めているアミノ酸 115

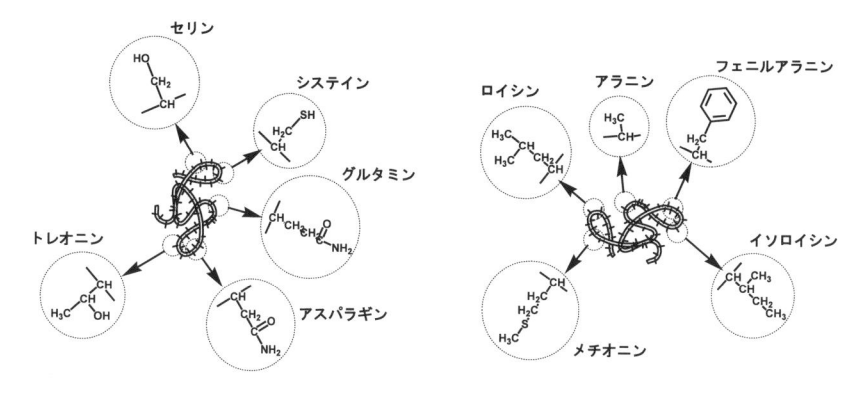

図 9-11 親水性(左)および疎水性タンパク質(右).

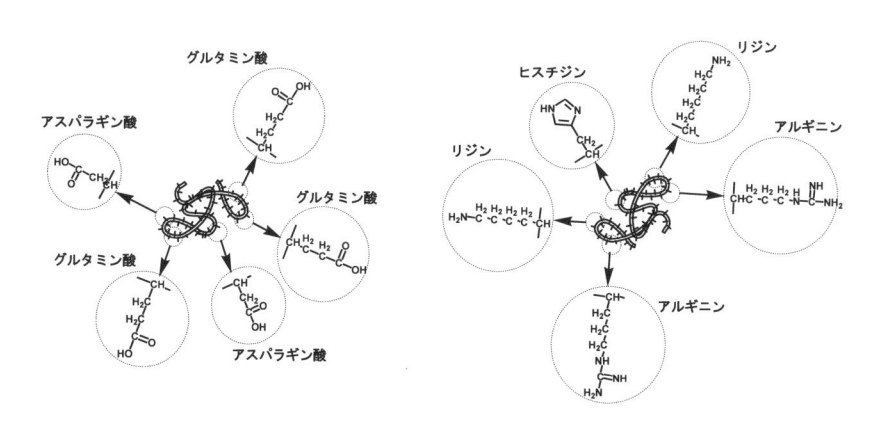

図 9-12 酸性(左)および塩基性タンパク質(右).

突出している（図9-11(左)）．逆に，疎水性（親油性）のタンパク質は，細胞膜のような油性環境によく溶け，そのようなタンパク質表面には疎水性のアミノ酸側鎖が突出している（図9-11(右)）．また，酸性タンパク質と呼ばれるものはタンパク質表面から酸性アミノ酸が多く突出し，塩基性タンパク質では表面から塩基性アミノ酸が多く突出している（図9-12）．タンパク質の性質は三次構造（立体構造）に依存しているように見えるが，実際の性質を決めている

のは，タンパク質表面から突き出ているアミノ酸側鎖の平均的性質であったり，一般には全構成アミノ酸の平均的性質であったりする．すなわち，タンパク質の性質は，もっとも階層の低い（ゼロ次）構造のアミノ酸の性質によって決まるのである．

　タンパク質の構造と機能は，タンパク質の物理化学的な性質から生まれる．タンパク質の化学的性質が目に見えて現れるのは，第6章で述べた**等電点電気泳動**のスポット位置である（図6-1参照）．横軸を**等電点** pI，縦軸を質量 M_r とする二次元の膜上に展開された個々のタンパク質は，そのスポットの位置情報（pI, M_r）で特徴づけられる．二次元電気泳動図の酸性側（低 pI 側）に現れるスポットのタンパク質は酸性であり，グルタミン酸やアスパラギン酸，リン酸基などを多く含む．このようなタンパク質は，酸性タンパク質と呼ばれる．また，二次元電気泳動図の塩基性側（高 pI 側）に現れるのは塩基性タンパク質であり，リジン，アルギニン，ヒスチジンを比較的多く含む．

　一方，タンパク質の物理的性質である質量（平均値である相対分子質量 M_r で表す）は，大まかには一次元ペプチド鎖の長さ，すなわち構成アミノ酸残基の数 N に比例する．ペプチド鎖をつくる単位アミノ酸部分，$-NH-C_\alpha(R)-CO-$，の質量を20種のアミノ酸で単純平均すると，その値は118.8867となる．これを使うとタンパク質の大まかな平均質量 $\langle M_r \rangle$ は次のように表すことができる．

$$\langle M_r \rangle = 118.8867 N + 18.0153 \tag{9.1}$$

ここで，18.0153 は水分子の相対分子質量であり，N 末端の$-NH_2$ の H と C 末端の$-COOH$ の OH の分である．**二次元電気泳動**では，タンパク質の質量は縦軸で表され，泳動始点に近い上部にあるスポットほど大きな質量のタンパク質であり，終点に近い下部にあるスポットほど小さな質量のタンパク質である（図6-1）．

9.5　一次構造から三次構造ができるまで

　アミノ酸が一列に連なった鎖状の一次構造から，立体構造をもつ三次構造が

9.5 一次構造から三次構造ができるまで

どのようにしてできあがるのか，その過程を簡単に追ってみよう．一次構造，すなわちアミノ酸の配列と各アミノ酸の性質のなかに，三次構造をつくり上げる物理化学的な原因または情報が含まれていることを最初に示したのは，米国の生化学者のアンフィンゼン（1916- ）である．彼は，**酵素活性**のあるリボヌクレアーゼA（RNase A）に還元試薬を使い，4個の**ジスルフィド（S-S）結合**を切断し，その立体構造を破壊して鎖状にした．これによってRNase Aの酵素活性は失われたが，還元試薬を取り除き空気酸化してやると，再び酵素活性が現れた．すなわち，一次構造が決まれば自然に立体構造ができあがり，酵素活性も現れることを示した．この研究により，アンフィンゼンは1972年にノーベル化学賞を受賞した．

タンパク質の一次構造から三次構造ができあがる過程はいくつかの段階に分けられる．まず完全に解れた状態（unfolded state, U）から，分子内水素結合によって局所的な二次構造が形成される．この過程は数ミリ秒（ms）の間に起こる速い過程である（図9-13）．

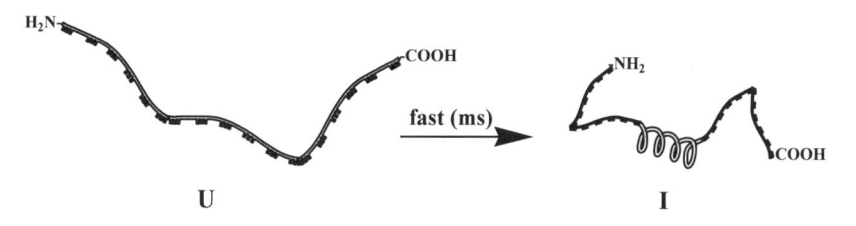

図9-13 一次構造(左)から二次構造(右)ができるのは速い．

二次構造ができあがった状態は中間状態（intermediate states, I）である．この中間状態を代表するものとして，広がった状態（I）からコンパクトな状態への過程を考えることができる（図9-14）．この過程は数十ミリ秒（10 ms）のオーダーであり，コンパクトな凝集状態のことを溶融状態（モルテングロビュール；molten globule, MG）ともいう．

中間状態のなかでもMGは**天然状態**（folded stateまたはnative state, N）に近いと考えられているが，ここから酵素活性などを有する天然状態の立体構

118   第9章　タンパク質の階層構造

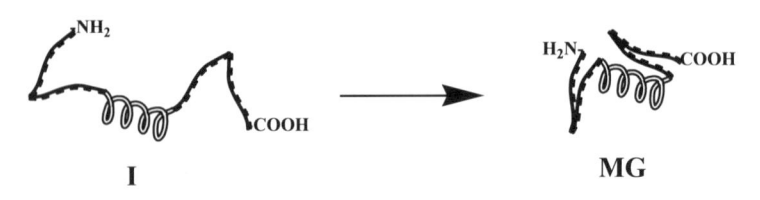

図 9-14　中間状態（I）からコンパクトな構造（MG）へ向かう過程．

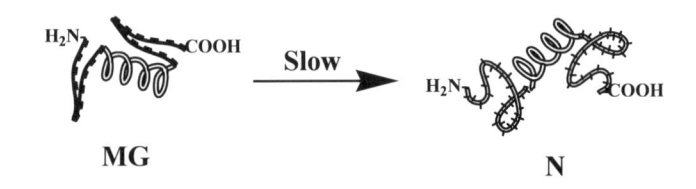

図 9-15　中間状態（MG）から天然状態（N）へはゆっくり進む．

造ができあがるまでには比較的長い時間（数百ミリ秒）を要する（図 9-15）．

　タンパク質の立体構造をつくりあげている原理または原因は，一次構造とアミノ酸の性質に含まれている．タンパク質は，自発的な変化の方向を決めてくれる熱力学の法則に従い，**自由エネルギー**の最小の方向へ向かって自発的にフォールディングすると考えられる．すなわち，タンパク質が解れた状態 U から天然状態 N まで行き着くことができるのは，タンパク質自身が物理化学的な原理に従う自己組織化能を備えているからである．しかし多くのタンパク質では，立体構造を形成するのに細胞内で他のタンパク質の補助を必要とする．そのような補助タンパク質は分子シャペロンと呼ばれ，その補助を必要とするようなタンパク質には ATP のエネルギーも必要であるため，反応としては自由エネルギーの上り坂であったり，エネルギー障壁があったりする．

第10章
タンパク質の立体構造と機能

　タンパク質の機能のほとんどは，他の分子などとの相互作用を通じて現れる．身近な例では，コーヒーの香りやケーキの味を楽しめるのは，飲食物に含まれる固有の分子あるいは分子群が鼻腔粘膜表面や舌表面に存在する受容体タンパク質と結合するためである．薬の投与が風邪などの症状を軽減してくれるのも，医薬品分子が受容体タンパク質と結合してその効き目を現してくれるためである．これらの結合はカギとカギ穴の関係に例えられるが，その相性は分子の形やタンパク質の立体構造と深く関係している．ここでは，よく知られたタンパク質であるリゾチームとエストロゲン（女性ホルモン）受容体を例にして，構造と機能の関係を述べる．

10.1　タンパク質とリガンドの結合フィッティング

　タンパク質がイオンポンプとして，酵素として，**受容体**としてさまざまな働きをするとき，それらの機能はタンパク質の構造と深い関わりをもっている．それらの機能性タンパク質と呼ばれる一群は，他の原子や分子と結合して機能を現すが，その際，タンパク質は結合するために適した構造すなわち形をもたなければならない．生物自身がつくりだす内因性のホルモンや医療目的に使われる薬物などの小さな分子（**リガンド**と呼ばれる）は，受容体と呼ばれるタンパク質と結合して，その後の生体応答の引き金を引く．タンパク質とリガンドとの結合は，一般には相互作用といい，その相互作用が効果を現すには次の二つの過程を経る．

1. タンパク質とリガンドの初期フィッティング（必要条件）．
2. 誘導フィッティングおよび同時に起こるタンパク質またはリガン

第10章 タンパク質の立体構造と機能

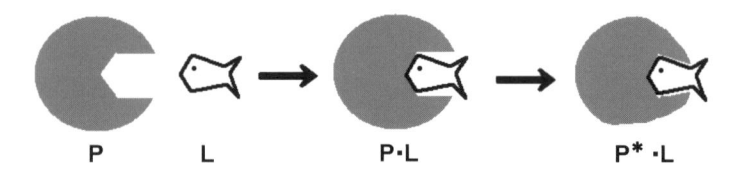

図10-1 タンパク質（protein, P）とリガンド（ligand, L）の相互作用．初期フィッティングによって複合体P・Lを形成する．タンパク質とリガンドとの相性（カギとカギ穴の関係）が悪いと，複合体を形成しないかまたは離れてしまう．互いの形の相性がよく，初期フィッティングがうまく進む（P・Lの形成）と水素結合などの原子間相互作用が多点で起こる．多点での相互作用に誘起されて，タンパク質あるいはリガンドの構造変化が生じる（P*・Lに変わる）．

ドの構造変化（十分条件）．
　初期フィッティングとは，タンパク質とリガンドが最初に出会ったときに結合できるかどうかの形の相性（カギとカギ穴の関係）のことであり，誘導フィッティング（induced fitting）とは，タンパク質とリガンドが結合したとき，水素結合などの原子間相互作用が多点で生まれることである．この誘導フィッティングは，安定化のエネルギーを発生させると同時に力学的な力によって仕事を成し，タンパク質やリガンドが形を変えると考えられている．特にタンパク質の構造が変わる過程（P → P*）は重要であり，ホルモンや薬物がその効果を発揮するための引き金になると考えられている（図10-1）．また，リガンドの結合が生物に効果を生じさせるとき，**初期フィッティングは必要条件，誘導フィッティングは十分条件**ということができる．
　以下では，ニワトリ卵白リゾチームとヒトエストロゲン受容体を例にして，その構造と機能との関連を述べる．特に，初期フィッティングの重要な因子である三次構造が下位階層の二次構造からどのように構築されているかを概観する．

10.2　リゾチーム

　リゾチームはアミノ酸129残基からなる酵素で，糖鎖を分解する機能をも

つ．ヒトでは体内の至るところに存在し，唾液などにも含まれている．また，風邪薬には塩化リゾチームとして入っており殺菌効果がある．殺菌効果の一つは，細菌やウイルスの外套膜を形成している多糖と結合して分解することである．

10.2.1　リゾチームの三次構造と二次構造

　リゾチームの三次構造（図10-2）をさまざまな方向から眺めてみると，どのような二次構造から構成されているか視覚的に理解することができる（図10-3）．しかし，もっともよい立体構造の理解の仕方は，タンパク質データバンクにアクセスして，パソコン画面上でクリックしながらいろいろな方向から眺めてみることである（第8章参照）．

　以下には，リゾチームの立体構造を形づくっている二次構造（αヘリックスとβストランド）の数と含有率，N末端からC末端までのアミノ酸配列，および各アミノ酸残基がどの二次構造に含まれるのかを示す（図10-4）．

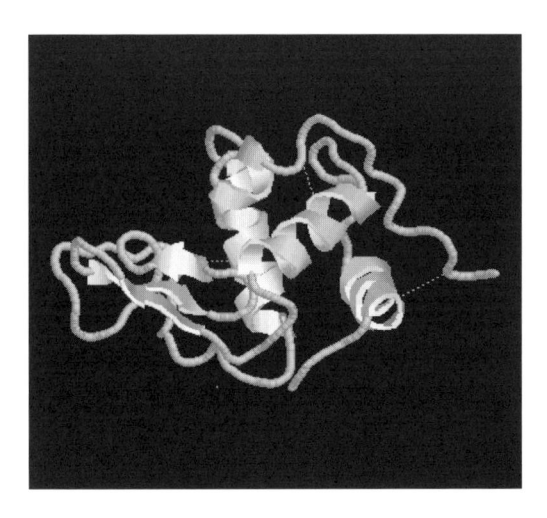

図10-2　リゾチームの三次構造（Protein Data Bank Japanより転載，ID：132L）．点線はシステイン残基（Cys）同士が結合したジスルフィド（S-S）結合の位置を示す（Cys 6-Cys 127, Cys 30-Cys 115, Cys 64-Cys 80, Cys 76-Cys 94）．

122　第10章　タンパク質の立体構造と機能

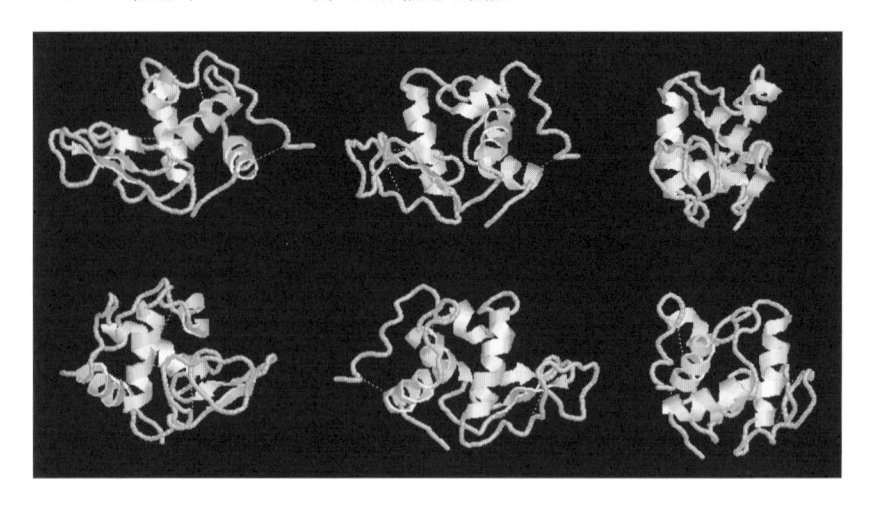

図10-3　いろいろな方向から見たリゾチームの三次構造（Protein Data Bank Japanより転載，ID: 132L）．

```
              Number of Alpha    4        Content of Alpha    31.01
              Number of Beta     3        Content of Beta      6.20

  1 KVFGRCELAA AMKRHGLDNY RGYSLGNWVC AAKFESNFNT QATNRNTDGS
    B HHHHHH HHHHTTTTB TTBTHHHHHH HHHHHHTTBT T EEE TTS
           αヘリックス          αヘリックス         βストランド

 51 TDYGILQINS RWWCNDGRTP GSRNLCNIPC SALLSSDITA SVNCAKKIVS
    EEETTTEET TTTSB SS T    TT SBG GGGGSSS HH HHHHHHHHH
      βストランド  βストランド                      αヘリックス

101 DGNGMNAWVA WRNRCKGTDV QAWIRGCRL
    TTTGGGG HH HHHHTTTTG GGGGTTS
              αヘリックス
```

図10-4　リゾチームの一次構造と二次構造情報．129残基の1文字表記によるアミノ酸配列（上段）と二次構造表記（下段）．二次構造の表記の内部分は特徴的な二次構造をもたない．

10.2 リゾチーム

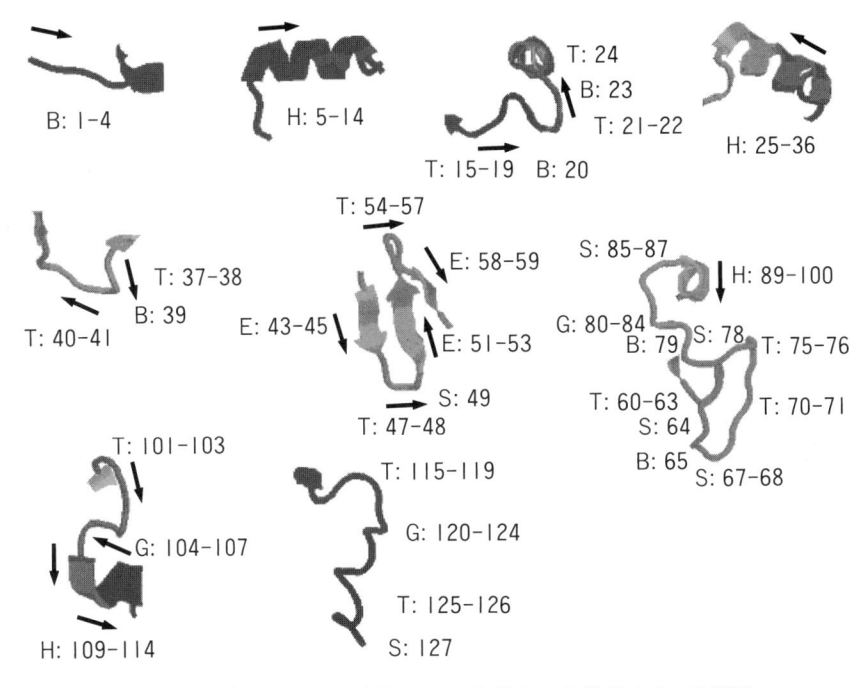

図10-5 リゾチームのN末端からC末端までを構成する二次構造.

二次構造の記号は，各アミノ酸残基の下部の記されている．意味は次の通りである（図による表現は第8章参照）．

B：孤立残基 (residue in isolated beta bridge)
H：αヘリックス (alpha helix または 3.6_{13} helix)
T：水素結合ターン (hydrogen bonded turn)
E：βストランド (extended beta strand)
S：ベンド (bend)
G：3_{10} ヘリックス (3_{10} helix)
I：πヘリックス (pi helix または 3_{14} helix)

さらに，リゾチームの1番目から127番目までのアミノ酸残基をN末端側から二次構造の単位毎に切断し，立体構造がどのような二次構造部分からつく

124　第10章　タンパク質の立体構造と機能

られているかを見てみる（図10-5）．矢印はN末端からC末端へ向かう方向を示している．このように分解してみると，タンパク質の立体構造は特徴的な二次構造の単位からできていることがよくわかる．

10.2.2　リゾチームの酵素活性と活性部位の構造

　リゾチームは，N-アセチルグルコサミン（GlcNAc）のポリマー（GlcNAc）$_n$またはN-アセチルムラミン酸（MurNAc）とGlcNAcとの間のβ-1,4結合を特異的に加水分解する酵素である（図10-6）．GlcNAc（グルクナックと読む）は，動植物や微生物の外壁を形づくる丈夫な構造糖質であるキチンや**糖タンパク質**の構成成分である．MurNAc（ムルナックと読む）も，細菌を外部から保護する細胞壁を形づくる**ペプチドグリカン**の成分である．どちらも防御壁としての機能を有し難分解性である．リゾチームは，この難分解性の細胞壁を加水分解する酵素である．

　加水分解に先だって，基質糖鎖である細胞壁材料物質（GlcNAc）$_n$または（GlcNAc-MurNAc）$_n$は，リゾチーム分子表面のくぼみ部位へ結合する．糖鎖のβ-1,4結合を挟み込むリゾチームの活性くぼみ部位は，いろいろな表示法で表すことができる（図10-7）．

　リゾチームの活性部位にある35番目のグルタミン酸（Glu 35）と52番目の

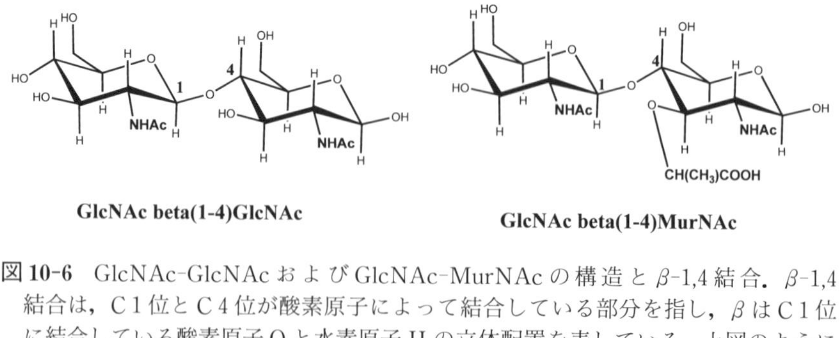

GlcNAc beta(1-4)GlcNAc　　　　GlcNAc beta(1-4)MurNAc

図10-6　GlcNAc-GlcNAcおよびGlcNAc-MurNAcの構造とβ-1,4結合．β-1,4結合は，C1位とC4位が酸素原子によって結合している部分を指し，βはC1位に結合している酸素原子Oと水素原子Hの立体配置を表している．上図のように1位炭素から伸びる酸素原子が水素原子に対して上向きの場合をβ，下向きの場合をαで区別し，それらの立体異性体をアノマーと呼ぶ．

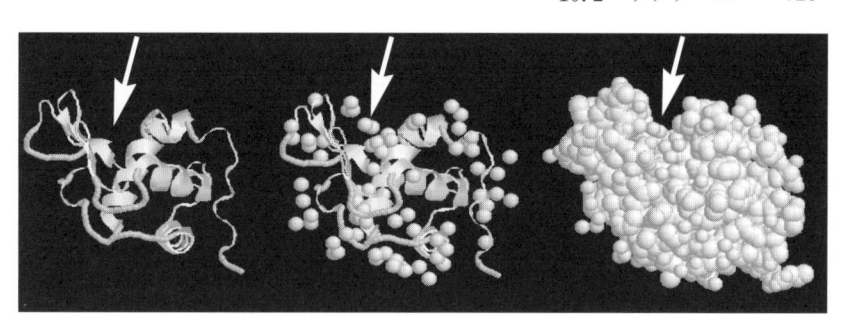

図 10-7 糖鎖を挟み込むニワトリ卵白リゾチームの活性くぼみ部位（矢印で示す）のいろいろな表示．右は van der Waals 表示，中央は水分子と一緒に表示（Protein Data Bank Japan より転載，ID：132L）．

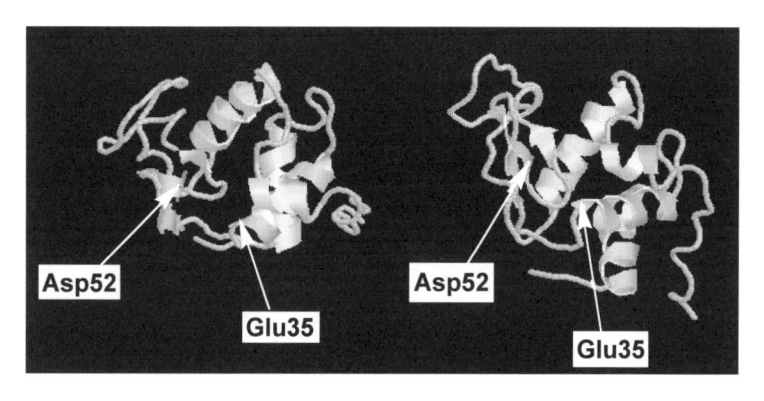

図 10-8 ニワトリ卵白リゾチームの活性部位にある Asp 52 と Glu 35（Protein Data Bank Japan より転載，ID：132L）．

アスパラギン酸（Asp 52）との間に（図 10-8），β-1,4 結合（C 1-O-C 4）の酸素原子が挟み込まれる（図 10-9）．分解反応に際して，β-1,4 結合の酸素原子が Glu 35 のカルボン酸からプロトン H^+ を受け取ることにより，C 1-O 結合が切断する．加水分解なので，リゾチーム活性部位と**基質**（酵素によって分解を受ける分子のことで，ここでは糖鎖のこと）との結合だけでなく，近傍の水分子も酵素反応に参加している．その意味で，タンパク質が機能を発揮にするには，活性部位の近傍など適切な位置に水分子が存在する必要がある．水分

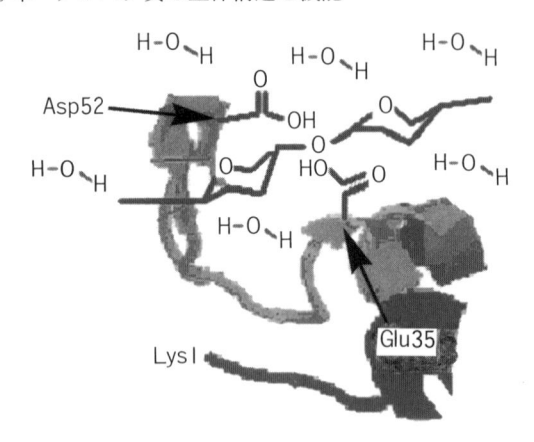

図 10-9 糖鎖の β-1,4 結合の酸素原子は，酸性アミノ酸 Glu 35 と Asp 52 の間に挟まれ加水分解を受ける．

子の存在は，タンパク質を構成するアミノ酸が酸性や塩基性を示すために必要なだけでなく，タンパク質の立体構造を形成するためにも必須である．

酸性アミノ酸であるグルタミン酸(Glu)とアスパラギン酸(Asp)は水環境中でイオン解離し，$-COO^- + H^+$，プロトン(H^+)が糖鎖結合の酸素原子を攻撃する．しかし，水環境中ではプロトンは単独では存在できず，オキソニウムイオン(H_3O^+)として存在する．

$$-COOH + H_2O \longrightarrow -COO^- + H_3O^+ \qquad (10.1)$$

H_3O^+ とカルボキシラートイオン($-COO^-$)は周囲の水分子を誘起イオン化し，ヒドロキシドイオン($-OH$)を生成させる．これらのイオン種が，糖鎖の酸素原子に作用し加水分解反応に参加している．

10.3 エストロゲン受容体

ヒトエストロゲン受容体（human estrogen receptor, hER）は，主としてエストロゲン（女性ホルモン）と結合するタンパク質で，細胞中の核内に存在する．α 体と β 体の二種類が発見されていて，よく調べられているのは α 体の

hERαである．これが通称ERと呼び習わされているエストロゲン受容体である．ERの重要な機能は，エストロゲン（代表的な内因性エストロゲンはエストラジオール-17β，通称E_2）と結合し，最終的にオスの精子形成や脳の性分化，およびメスの性行動を生じさせることである．ここでエストロゲンの略称E_2に付されている2は，分子中に水酸基を2個もつという意味である（図10-15参照）．

10.3.1　エストロゲン受容体のドメイン構造と機能

ERは595残基のアミノ酸残基から成り，固有の機能をもったドメインに分かれている（図10-10）．各ドメインには，他のタンパク質と結合したり，DNAと結合したり，エストロゲンと結合したりして，活性発現の引き金を引く機能がある．転写活性化ドメインAF-1は，DNAからmRNAへの転写を誘導する機能をもち，ここに転写共役因子タンパク質が結合することにより転写反応が開始される．DNA結合ドメインDBDは，DNAと結合する領域である．リガンド結合ドメインLBD（Thr 311-His 547）にはエストロゲンが結合し，転写活性化ドメインAF-2には転写共役因子タンパク質が結合し，転写反応を誘導し開始させる．

エストロゲン（ligand, L）がERに結合してから，タンパク質の表現形としてのホルモン効果が現れるまでの過程を図10-11に示す．

血中から細胞膜（lipid bilayer）を通じて細胞質（cytoplasm）に侵入した

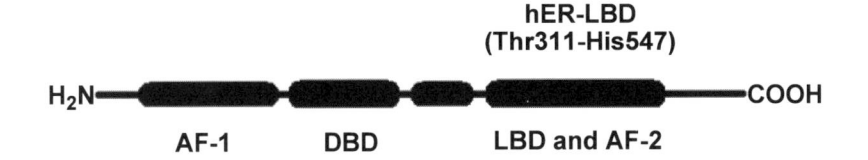

**hER-LBD
(Thr311-His547)**

H₂N━━━■━━━■━━━■━━━━COOH
　　　 AF-1　 DBD　 LBD and AF-2

human Estrogen Receptor (1-595)

図10-10　ヒトエストロゲン受容体（hER）と各ドメイン．トレオニン311からヒスチジン547までのアミノ酸配列領域（hER-LBD）にエストロゲンが結合する．

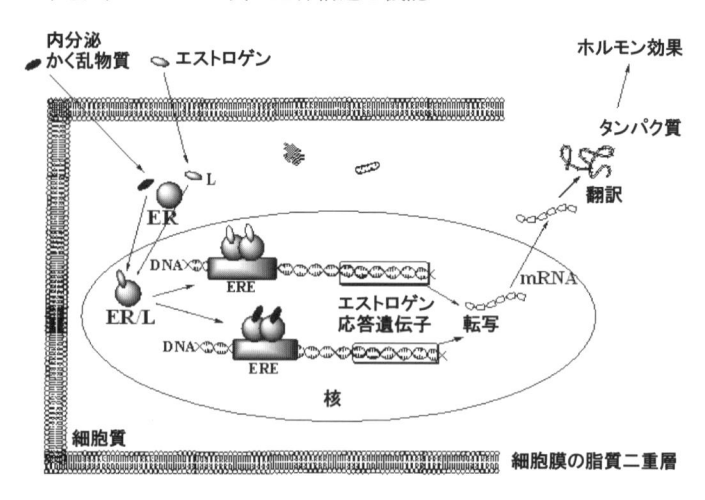

図 10-11 内因性エストロゲン(L)が細胞中へ侵入し，さらに核内に移動してエストロゲン受容体(ER)と結合してホルモン活性が発現するまで．

エストロゲンは，ERと結合して核内に侵入する．ERは二量体として機能するため，DNAへは二量体 $(ER)_2$ として結合するが，転写反応の開始に先だってDNA上のERE（estrogen responsive element）領域と結合する他，転写共役因子とも結合する．ERにエストロゲンが結合するとその立体構造が変化し，転写を活性化させるタンパク質である転写共役因子との結合親和力が高まる．転写共役因子の結合は**転写**（DNA → mRNA）を誘発し，次いでmRNAが核内から**細胞質**へ輸送されリボソームに達してタンパク質が発現合成される．こうした細胞内情報伝達の結果，エストロゲン作用が生物の分化や行動となって発現されることになる．細胞外からやってくるのは内因性のエストロゲンだけでなく，外因性内分泌かく乱物質（endocrine disruptor）のように，環境中へ拡散した汚染物質の場合もある．

10.3.2　エストロゲン受容体の活性化と構造変化

ERの機能であるエストロゲン活性を生じさせる**アゴニスト**（活性のあるリガンドのこと）であるエストロゲン E_2 がERまたは二量体$(ER)_2$に結合する

10.3 エストロゲン受容体

と，ER の構造が活性型 ER* に変化する．その際，エストロゲン E_2 との結合体 E_2/ER^* が先にできてから結合体の二量体 $(E_2/ER^*)_2$ ができるのか，二量体 $(ER)_2$ が先にできるのか詳細は不明である．いずれにしても ER の活性型への構造変化によって，転写共役因子（transcription factor, TF）との親和性が増して転写反応が開始する．これら最初の過程は，次のように表すことができる．

$$E_2 + ER \longrightarrow E_2/ER^* \qquad (10.2)$$
$$E_2/ER^* + E_2/ER^* + DNA \longrightarrow DNA \cdot (E_2/ER^*)_2 \qquad (10.3)$$
$$DNA \cdot (E_2/ER^*)_2 + TF \longrightarrow DNA \cdot (E_2/ER^*)_2 \cdot TF \qquad (10.4)$$
$$DNA \cdot (E_2/ER^*)_2 \cdot TF \longrightarrow \text{transcription} \qquad (10.5)$$

重要な過程は，エストロゲン E_2 の結合によって受容体 ER の構造が活性型構造 ER* になる過程(10.2)である．E_2 が結合するのはリガンド結合ドメイン LBD（297〜554）である．LBD のアミノ酸配列および二次構造情報を図 10-

```
            Number of Alpha    9      Content of Alpha  60.47
            Number of Beta     2      Content of Beta    2.71


  1  MIKRSKKNSL  ALSLTADQMV  SALLDAEPPI  LYSEYDPTRP  FSEASMMGLL
     TTTTTHHHHH  HHHHHH                     TTS      HHHHHHHH

 51  TNLADRELVH  MINWAKRVPG  FVDLTLHDQV  HLLECAWLEI  LMIGLVWRSM
     HHHHHHHHHH  HHHHHHHTTT  TTTTTHHHHH  HHHHHHTHHH  HHHHHHHHTT

101  EHPGKLLFAP  NLLLDRNQGK  CVEGMVEIFD  MLLATSSRFR  MMNLQGEEFV
     TTTTEEESBT  TEEEESGGGT  TTTT HHHHH  HHHHHHHHHH  HTT  HHHHH

151  CLKSIILLNS  GVYTFLSSTL  KSLEEKDHIH  RVLDKITDTL  IHLMAKAGLT
     HHHHHHHHHS  SSTTTTTSH   HHHHHHHHHH  HHHHHHHHHH  HHHHHHHTT

201  LQQQHERLAQ  LLLILSHIRH  MSNKGMEHLY  SMKCKNVVPL  YDLLLEMLDA
     HHHHHHHHHH  HHHHHHHHHH  HHHHHHHHHH  HHHTTS  S   HHHHHHHH

251  HRLHAPTS
```

図 10-12　ヒトエストロゲン受容体（hERα）のリガンド結合ドメイン LBD（297〜554）の一次構造および二次構造情報．ここに示された一番目のアミノ酸残基であるメチオニン（M）が，全長 hERα の 297 番目のアミノ酸残基に相当．

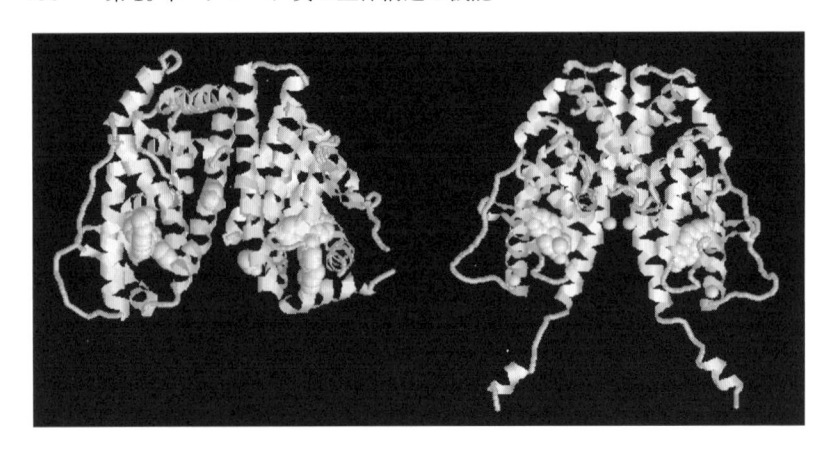

図 10-13 エストロゲン受容体の二量体の立体構造．エストロゲン活性を生じさせる活性型（右）（Protein Data Bank Japan より転載，ID：1A52）と不活性型（左）（Protein Data Bank Japan より転載，ID：1ERR）．活性型で足のように下に伸びているのは C 末端側のヘリックス．

12 に示す．LBD の情報は，タンパク質データバンク（ID：1A52）に登録されている．

　エストロゲン活性の引き金となる構造変化 ER → ER* がどのように起こるのか，LBD 部分の構造変化をタンパク質データバンクで見ることができる．図 10-13 は，不活性型 ER の立体構造（左図）と活性型 ER* の構造（右図）である．どちらも Leu 306〜Leu 544 のリガンド結合ドメインであり，二量体構造をもつ．右図の活性型は，ER にアゴニストであるエストロゲン E_2 が結合したときのもので，C 末端のヘリックス部分が足のように下側に突出しているのが特徴である．このような足の生えたような構造をとることで，転写共役因子と結合しやすくなる機能が生まれる．一方で左図は，アンタゴニスト（特異的に結合するが活性のないリガンドのこと）のラロキシフェン（raloxifene）と結合したときの不活性型の立体構造である．C 末端のヘリックス部分が折りたたまれ，コンパクトな構造になっているのが特徴である．この構造では転写共役因子との相互作用が起こりづらく，エストロゲン活性に導く生体内反応の引き金が引かれない．

10.3.3 エストロゲン受容体とエストラジオール-17β の結合

ERには，リガンドであるエストラジオール-17β(E_2) が入り込むポケットがある（図10-14）．E_2には，3位にフェノール水酸基と17位にアルコール水酸基があり（図10-15），これら電荷密度の高い水酸基がERのポケット内の各アミノ酸側鎖と結合する．その詳細は以下のように知られている（各アミノ酸の位置は次の項を参照）．

- Glu 353 のカルボキシル基と E_2 のフェノール水酸基．
- Arg 394 のグアニジノ基と E_2 のフェノール水酸基．
- 水分子 H_2O と E_2 のフェノール水酸基．

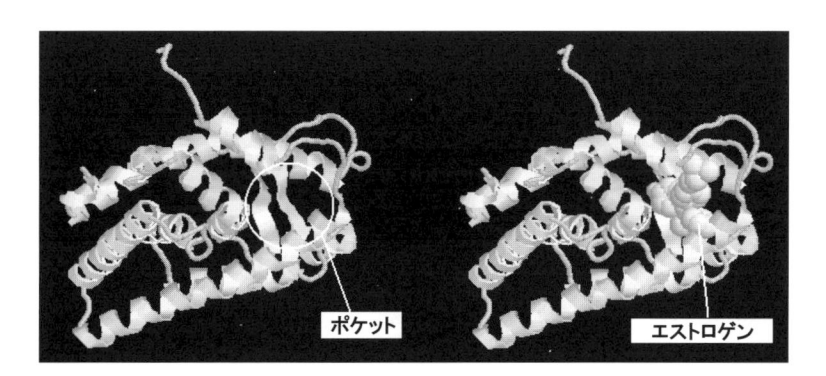

図 10-14　エストロゲン受容体のポケット（左）とポケットに入ったエストロゲン（右）（Protein Data Bank Japan より転載，ID: 3ERT）．

図 10-15　エストラジオール-17β(E_2) の構造．

132　第 10 章　タンパク質の立体構造と機能

- His 524 と E_2 のアルコール水酸基．
- Ala 350, Leu 387, Phe 404, Ile 424, Gly 521, Leu 525 の各疎水性アミノ酸と E_2 のステロイド骨格との疎水結合．

フェノール水酸基がポケット内の複数の分子（Glu 353, Arg 394, H_2O）と相互作用するのは，いずれの分子もイオン化を伴うので重要である．なぜなら，グルタミン酸に由来するプロトンの存在は，タンパク質の構造変化の原因となるからである．

10.3.4　エストロゲン受容体の立体構造を二次構造に分解する

ここでは，ER の立体構造がどのような二次構造から構成されているか視覚

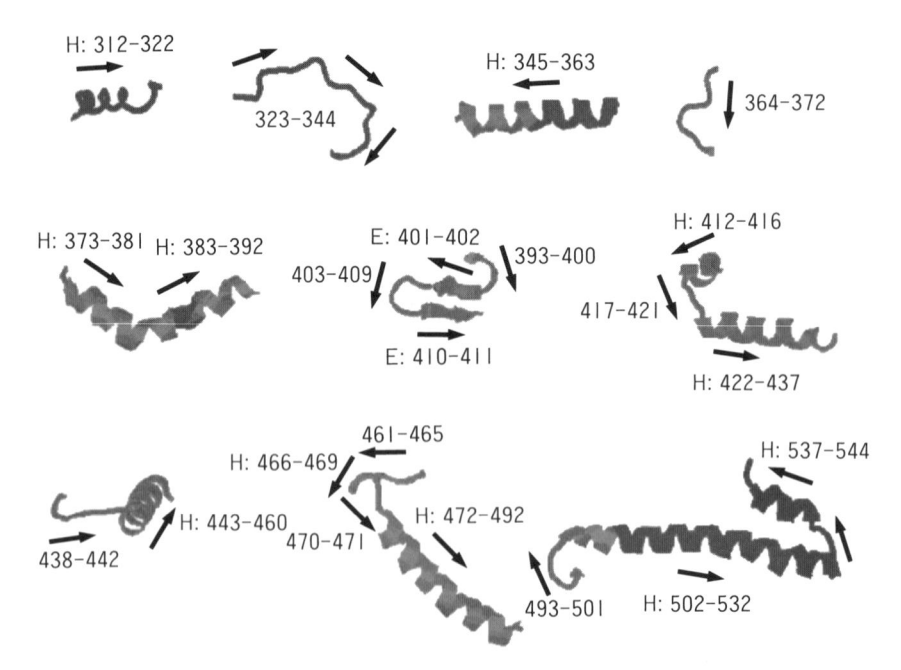

図 10-16　ER のリガンド結合ドメイン（Thr 311〜His 547）の立体構造を二次構造単位に分解．このなかでエストロゲンを取り込むポケットを形成している部分は，H：345-363, H：383-392, E：401-402, 403-409, E：410-411, 417-421 および H：502-532 の一部である．

的に理解するために，リガンド結合ドメインの立体構造を二次構造の単位毎に切断してみる（図10-16）．立体構造は，ヘリックス(H)やストランドまたはシート(E)などの特徴的な二次構造同士をターン(T)とベンド(S)で結合し，TとS部分を関節のようにして折りたたまれている．この折りたたみは必ずしも細密充填しているわけではないので，内部に空隙（ポケット）が生じてしまう．このポケットの形が，エストロゲンなどのリガンドの形に合うと，特異的な結合が生じる．外因性内分泌かく乱物質（環境ホルモン）は，人工的に合成された化学物質がERのポケットの形に偶然合ってしまった例である．

第11章
タンパク質とリガンドの結合解析

　受容体タンパク質のようにリガンド（ホルモンや薬物など）と結合することによってその機能を現す場合，リガンドのタンパク質に対する結合能などを定量的に評価する必要が生じる．例えば医薬品の開発では，特定の疾病に関連するタンパク質を標的にして，少しずつ構造の異なる化学物質を合成して結合能や生理活性を評価する．このとき，受容体タンパク質とリガンドの結合は生理活性が生じるための必要条件となるため，その結合定数がリガンドの重要な特性値となる．ここでは，そうした場合の評価解析法について述べる．

11.1　結合過程

　ホルモン等のリガンド（ligand, L）が受容体タンパク質（receptor, R）に結合し，その活性を発現するときにリガンドの活性の強さを評価するには，リガンドの投与濃度と活性の強さの関係を示す投与-応答曲線（dose–response curve）を使うことが多い．また，応答の機構を調べる最初の仕事は，受容体とリガンドとの結合定数または**解離定数**を決定することである．また，タンパク質が受容体としての機能を現すときには，結合によってタンパク質の構造変化（R → R*）が起こり，それによって続く生体内過程が進行すると考えられている．

$$R+L \longrightarrow R \cdot L \longrightarrow R^* \cdot L \longrightarrow 生体内情報伝達 \tag{11.1}$$

このとき，最初の結合過程（R+L → R·L）は生理活性である生体内情報伝達の必要条件，後の構造変化の過程（R·L → R*·L）は十分条件に相当する．結合過程は以下に述べるように定量的な解析手段があり数値的に取り扱いやすい

が，後者の構造変化の過程にはタンパク質の動的挙動（単に構造変化だけではなく，生体内での他分子との相互作用や**翻訳後修飾**など）が関与しているため解析は難しく，また未解明かつ未解決の問題が多くある．

受容体RとリガンドLとの結合・解離の平衡を考えると，結合定数K_aおよび解離定数K_dは以下のように記述される．

$$R+L \underset{k_2}{\overset{k_1}{\rightleftarrows}} R \cdot L \tag{11.2}$$

$$K_a = k_1/k_2 = [R \cdot L]/[R][L] \tag{11.3}$$

$$K_d = k_2/k_1 = [R][L]/[R \cdot L] \tag{11.4}$$

ここで，k_1は結合の速度定数，k_2は解離の速度定数，[ ]は濃度表示である．また，考えている実験系（系の全体積V）における受容体の総数をR_0とおけば，その濃度$[R_0] = R_0/V$は，結合体の濃度$[R \cdot L]$と未結合体の濃度$[R]$の和に等しい．すなわち

$$[R_0] = [R] + [R \cdot L] \tag{11.5}$$

(11.5)を(11.4)に用いれば，解離定数の基本式を次のように得る．

$$K_d = k_2/k_1 = [R][L]/[R \cdot L]$$
$$= ([R_0] - [R \cdot L])[L]/[R \cdot L] \tag{11.6}$$

基本式(11.6)を使い，以下には各種の結合解析法を述べる．

11.2 各種解析法

以下に述べる方法は，基本的にはリガンドLを受容体Rの存在する実験系に投与したときに，投与した濃度$[L]$に対して結合体の濃度$[R \cdot L]$がどのような値をとるかを測定し，それらの実験値をX-Y座標にプロットして解析するものである．

（a） ラングミュアープロット法

この方法は解離定数を求めるために，$[L]$対$[R \cdot L]$のプロットを使う．基本式(11.6)を用いて解離定数K_dを求めるには，まずリガンドの投与濃度

[L] に対して結合体の濃度 [R·L] を測定する実験を行う．実験結果から K_d を求めるには，(11.6)式を次のように変形しておくと便利である．

$$[R·L] = [R_0][L]/([L] + K_d) \tag{11.7}$$

[L] に対して [R·L] をプロットすると，[L] が大きくなると [R·L] が漸近的に [R_0] に近づく飽和曲線が得られる．得られた曲線から解離定数 K_d を求めることができる．

(b) スキャッチャードプロット法

この方法は，解離定数，全受容体濃度，最大リガンド結合数を求めるために [R·L] 対 [R·L]/[L] のプロットを使う．解離定数 K_d，全受容体濃度 [R_0]，最大のリガンド結合数 B_{max} を求めるには，(11.6)式を次のように変形しておくと便利である．

$$[R·L]/[L] = (1/K_d)([R_0] - [R·L]) \tag{11.8}$$

ここで，最大のリガンド結合数 B_{max} は，x 軸（[R·L]）との交点，すなわち全受容体濃度 [R_0] に等しくなる．このプロットは単純には負の傾きをもつ直線になるが，実験系によっては曲線や折れ線になる場合もある．特に，受容体に対する最初のリガンドの結合が，その後に起こるリガンドの結合に影響する場合には，傾きの異なる二種類の直線の連結になったりする．そのような場合，以下のヒルプロットが使われる．

(c) ヒルプロット法

この方法は，受容体タンパク質に複数のリガンドが結合する際の協同効果 (cooperative effect) を調べるために使う．すなわち，一番目のリガンドの結合が二番目のリガンドの結合にどのような影響を与えるかを調べる．解析のためには，$\log[L]$ 対 $\log\{[R·L]/(B_{max} - [R·L])\}$ の両対数プロットを行う．このプロットから得られる勾配を Hill 係数と呼ぶ．協同効果がなければ Hill 係数は 1 であるが，Hill 係数が 1 より大きい場合，一番目のリガンドの結合は二番目のリガンドの結合を強くする（正の協同効果）．逆に Hill 係数が 1 より小さい場合，二番目の結合は弱くなる（負の協同効果）．

第 11 章　タンパク質とリガンドの結合解析

リガンド結合の協同効果の有無を調べるには，(11.6)の R_0 を B_{max} で置き換えて，次のように変形しておくと便利である．

$$[R \cdot L]/([B_{max}] - [R \cdot L]) = [L]/K_d \qquad (11.9)$$

$$\log([R \cdot L]/([B_{max}] - [R \cdot L])) = \log[L] - \log K_d \qquad (11.9)'$$

第12章
二次構造から理解するタンパク質

　働く分子エンジンであるタンパク質の機能を理解するには，立体構造をよく知ることも必要だが，立体構造の安定性を支えている二次構造の特徴を理解することが必要である．二次構造は，タンパク質の階層構造の中で最も重要な位置を占めている．それは感染性認知症"プリオン病"が二次構造病といわれるように，二次構造の形成異常が重い病気の原因になることからも理解できる．ここでは，二次構造の形成に関わる分子内水素結合やアミノ酸の構造との関連について述べる．

12.1 フォールディング

　第9章で述べたように，タンパク質が一次構造だけのヒモのような状態 (unfolded state, U) から二次構造をもつ中間体（intermediate, I）を経て，活性をもつ**生の状態**（native state, N）になるまでには，次のような過程を経なければならない（図12-1）．

$$U \longrightarrow 中間体（I） \tag{12.1}$$

$$I \longrightarrow モルテングロビュール（MG）\longrightarrow 生の状態（N） \tag{12.2}$$

　タンパク質が，完全にほつれた状態Uから二次構造を形成した中間体Iまで達する過程(12.1)は比較的速く進行し，その時間スケールはミリ秒のオーダーである．二次構造の形成がこのように速いのは，**分子内水素結合**の形成による局所的な構造変化のため，各部分部分で独立に進行できるからである．二次構造の代表はαヘリックスとβストランドまたはβシートである（第8章および第10章参照）．これらの構造はアミノ酸の性質によって自発的に形成され，かつ安定である．αヘリックスとβストランドを**ターン**や**ベンド**が結ん

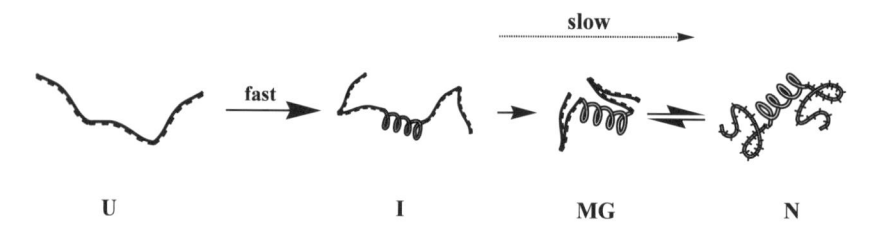

図 12-1 タンパク質のフォールディング．一次構造(U)から二次構造(I)が形成するのは速い．これに対して，安定な状態 I から比較的コンパクトな状態 MG を経て活性のある状態 N に至るのは遅い．

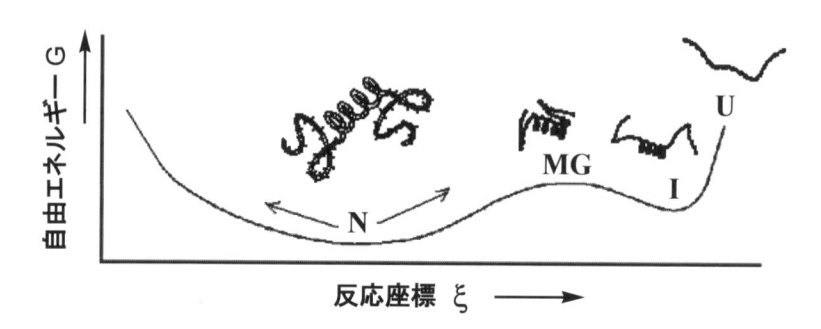

図 12-2 生のタンパク質 N は自由エネルギーの浅い安定ポテンシャルの中で揺らいでいる．ξ はタンパク質が解れてゆく方向を特徴づける変数（反応座標）．

でいる．ターンとベンドは特徴的な構造をもたないが，タンパク質が折りたたまれるときの関節の役割をしているので重要である．

中間体 I には，二次構造だけが形成されただけのものの他に，比較的コンパクトにまとまった**モルテングロビュール(MG)**と呼ばれる状態が仮定されている．MG は酵素活性などを有するいわゆる生の状態 N とは異なるが，構造的には似ているとされる作業仮説上の中間体である．実験的には，I または MG から N に至る過程は比較的ゆっくりしていることが知られており，そのタイムスケールはタンパク質に大きく依存する．この遅い過程(12.2)には，自由エネルギーの障壁が仮定されたり，立体構造の鋳型を提供する**分子シャペロン**の補助が必要とされたりする．

また，生の状態 N にあるタンパク質は結晶のようには硬くないので，構造的に常に揺らいでいて自由エネルギー的には浅い極小曲線で特徴づけられる．このことを指して marginal stability と呼び，タンパク質の立体構造は浅い自由エネルギーの井戸の中で常に揺らいでいるイメージで捉えられる（図12-2）．しかし，タンパク質の**フォールディング**解析には，フォールディング過程を追跡する基本的な技術やその解釈の理論的な不備を含め，解決すべき多くの問題が残されており，新しい方法論や解析装置の開発に委ねられているところがある．

12.2 αヘリックス

12.2.1 アミノ酸の立体化学

ペプチド鎖がらせんを描いてαヘリックス構造をとることを理解するには，アミノ酸の立体構造を理解しておく必要がある．グリシンを除くαアミノ酸は不斉（asymmetry）中心である**不斉炭素** C_α をもつため，**偏光**を受けると偏光面を回転させる**光学活性**を示す．この光学活性の程度，すなわち偏光面の回転角を旋光度といい，アミノ酸の物性定数の一つである．αアミノ酸のαは，カルボキシル基（-COOH）のカルボニル炭素から数えてα位にアミノ基（$-NH_2$）が結合していることに由来している．β位あるいはγ位にアミノ酸が結合しているときには，βアミノ酸あるいはγアミノ酸という（図7-12参照）．

直線偏光がアミノ酸を通過後，偏光を発する光源に向かい偏光面が時計回りに回転する場合を右旋性（dextrorotatory, D），反時計回りに回転する場合を左旋性（levorotatory, L）という．互いに鏡像（mirror image）の関係にある化学物質 D 体と L 体は**キラル分子**ともいい，旋光度は同じであるが回転方向が互いに逆（正と負）である（図12-3）．生体を構成するタンパク質は左旋性の L-アミノ酸からつくられている．この非対称性から，ペプチド鎖が安定なαヘリックスを形成するらせん方向にも右巻きの優先性が生じる．

アミノ酸が結合してできた**ペプチド主鎖** $NH-C_\alpha(R_1)-CO-NH-C_\alpha(R_2)-CO$

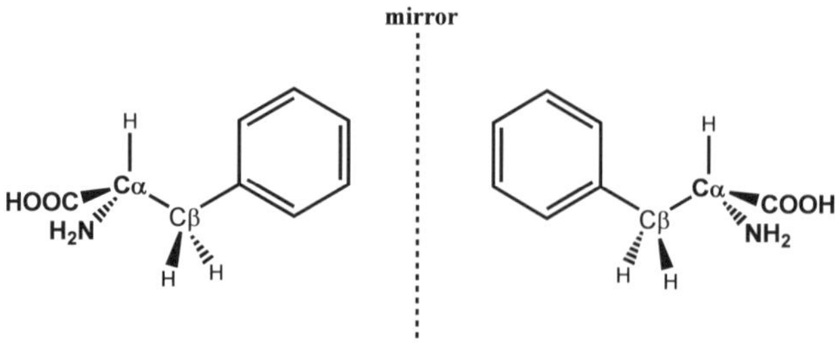

L-Phenylalanine　　D-Phenylalanine

図 12-3　フェニルアラニン．生体中のタンパク質は左旋性の L-アミノ酸から成る．

Ala-Ala

図 12-4　共鳴構造によるペプチド結合の二重結合性．ペプチド主鎖上で自由に回転できるのは N-C_α と C_α-CO，回転角はそれぞれ ϕ と ψ．

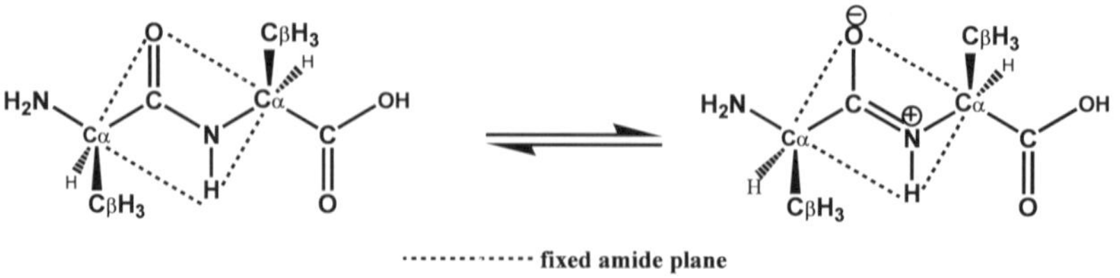

·········· fixed amide plane

図 12-5　C_α と O と C_α と H をつなぐ点線で示されるアミド平面．N-C_α と C_α-CO が自由に回転できる反面，アミド平面は固定されている．

の上で，自由に回転できるのは，**アミノ酸側鎖**が結合している C_α の隣の N-C_α 結合と C_α-CO 結合である．**ペプチド結合** CO-NH は，共鳴構造による二重結合性（図 7-1 参照）のために自由回転できず（図 12-4），固定したアミド

12.2 αヘリックス

平面が生じる（図12-5）．

上述のように，左旋性のL-アミノ酸から成る**ポリペプチド**は，N-C$_a$結合とC$_a$-CO結合を自由に回転することができる．このとき，N末端からC末端方向に向かいながら時計回り（右巻き）のらせんを描くときにαヘリックスが形成される．左巻きの回転も可能であるが，構造的に不安定であるため右巻き構造が優先的に形成される．このときαヘリックスでは，らせんの1回転（1ピッチ）あたりに3.6個のアミノ酸が存在し，その間に主鎖方向への進みは

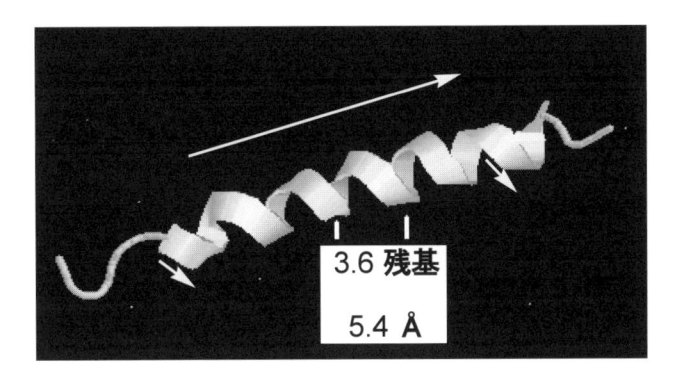

図12-6 αヘリックス形成における1ピッチあたりのアミノ酸の数は3.6残基，その間に進むヘリックスの長さは5.4Å．

図12-7 αヘリックス形成のための分子内水素結合の位置．主鎖上の1番目のカルボニル酸素と5番目のアミド基水素が水素結合する．

5.4Åである（図12-6）．また，n番目のアミノ酸残基のカルボニル酸素と$n+4$番目のアミド基の水素原子との間で水素結合が形成される（図12-7）．

12.2.2　αヘリックスを形成しやすいアミノ酸

αヘリックスは10〜15残基程度のアミノ酸から形成されることが多く，その安定性は三次構造の形成によって高められることもある．αヘリックスに出現しやすいアミノ酸は，アラニン(Ala)，システイン(Cys)，グルタミン(Gln)，グルタミン酸(Glu)，ヒスチジン(His)，ロイシン(Leu)，リジン(Lys)，メチオニン(Met)の8種である（図12-8）．これらのアミノ酸残基の特徴は，すべてβ位の炭素C_βをメチレンCH_2として有する．さらに分岐構造が少ないために，隣接するアミノ酸残基同士での立体障害が少ないことが特徴である．

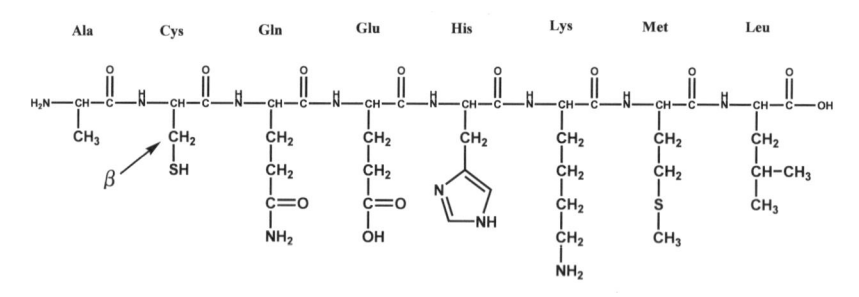

図12-8　αヘリックスを形成しやすいアミノ酸残基．β位のメチレンCH_2の存在と分岐鎖の少ない構造が特徴．

12.3　βシート

12.3.1　βストランド

βシートは，βストランド同士が**分子内水素結合**してできあがる．βストランドは**ペプチド主鎖**が平面状に伸びた構造をしている．すなわち，ペプチド主鎖に沿って水平方向にカルボニル基C=Oとアミノ基N-Hが伸び，垂直方向にアミノ酸残基が伸びた三次元座標のような配置をしている（図12-9）．

図 12-9　βストランド．N末端からC末端へ向かうペプチド主鎖（NH₂→COOH）に対して直角（水平）方向に配向しているカルボニル酸素 C=O とアミド水素 N-H が分子内水素結合のために使われる．アミノ酸残基は垂直方向に伸びている．

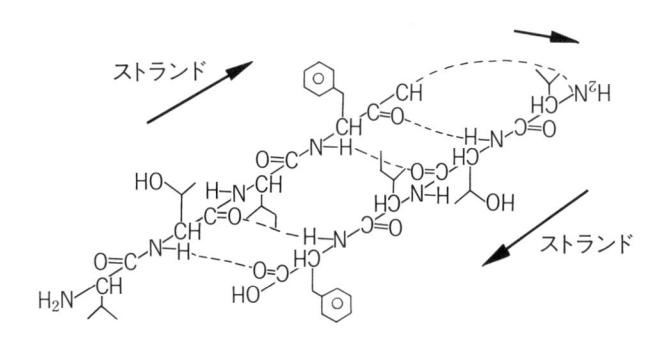

図 12-10　βシート．βストランド同士の分子内水素結合によって形成される．ストランドとストランドはベンドまたはターンによって結合されている．

　βストランドは単独では存在せず，タンパク質中の別のβストランドと並んで分子内水素結合を形成する．これによって，代表的な二次構造の一つのβシートが形成される（図 12-10）．

　βストランドは3〜10残基程度のアミノ酸から成り，それらが集まって折りたたみカーテンのようなシート状の構造を形成する．典型的なシート構造は，

酵素であるカルボニックアンヒドラーゼに見ることができる．このタンパク質の場合，シート構造はβツイストと呼ばれるよじれた平面を形成する（図12-11）．

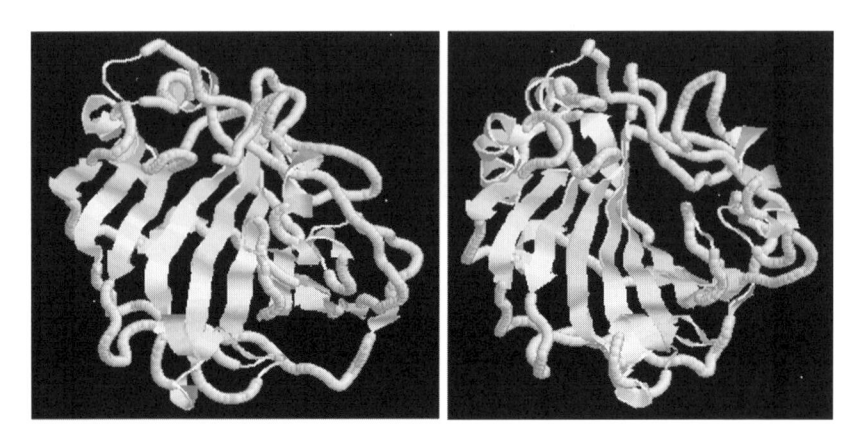

図12-11 ヒトカルボニックアンヒドラーゼIIに見られるβツイスト構造（Protein Data Bank Japanより転載，ID：1CA2）．多数のβストランドから成るβシートが，捻れた平面を形成している．左右の図は少し異なった角度から見たβツイスト．

12.3.2　βシートを形成しやすいアミノ酸

βシートに出現しやすいアミノ酸は，イソロイシン(Ile)，フェニルアラニン(Phe)，トレオニン(Thr)，トリプトファン(Trp)，バリン(Val)，チロシン(Tyr)の6種である（図12-12）．これらのアミノ酸残基の特徴は，β炭素C_βから伸びる平面性の官能基（Phe, Trp, Tyr）または分岐鎖（Ile, Thr, Val）である．これらは隣り合うアミノ酸同士で立体障害を生じやすく，よりコンパクトなαヘリックスの形成には向かないため，その結果としてβシートに現れやすくなると考えられる．

図 12-12　βシートに多いアミノ酸残基．β位での分岐構造または芳香環の存在が特徴．

12.4　ターンとベンド

12.4.1　関節構造

　αヘリックスやβストランドは，どちらもそれ自身が比較的コンパクトな構造をもつが，一次元方向に伸びる構造しかもたないため（図12-13），このままでは，折りたたみのような方向転換を必要とする立体構造を形成することができない．そこで，これらの二次構造の方向を転換させたり，βストランド同士を結合させたりする関節の部分が必要になる．これがターンやベンドと呼ばれる二次構造である．

　ターンやベンドは，ヘリックスやシートのような特徴的な形を持たず，いわ

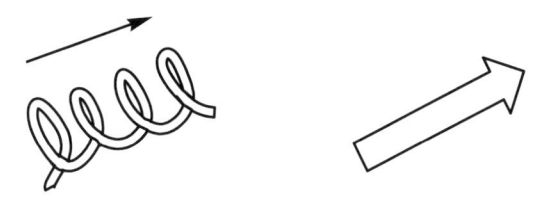

図 12-13　αヘリックス(左)とβストランド(右)は一次元方向に伸びるコンパクトな構造．

148　第12章　二次構造から理解するタンパク質

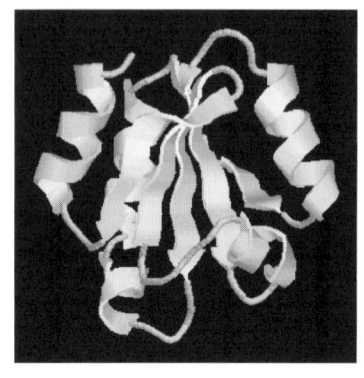

```
Number of Alpha    5        Content of Alpha 39.05
Number of Beta     6        Content of Beta  27.62

  1  MVKQIESKTA FQEALDAAGD KLVVVDFSAT WCGPCKMIKP FFHSLSEKYS
     EEE SHHH   HHHHHHHTTT SEEEEEEE T TTHHHHHTHH HHHHHHHH T

 51  NVIFLEVDVD DCQDVASECE VKCMPTFQFF KKGQKVGEFS GANKEKLEAT
     TEEEEEEETT TTHHHHHHTT  SSSEEEEE ETTEE EEEE S  HHHHHHH

101  INELV
     HHHTT
```

図 12-14　ヒトチオレドキシンの立体構造と一次および二次構造情報（Protein Data Bank Japan より転載，ID：1AUC）．α ヘリックスと β ストランドを接合するヒモのような二次構造であるターン(T)とベンド(S)は，分子表面に露出しやすい．

ば柔軟な立体構造を形成するための関節の役割を演じる．そのために，折れ曲がりの部分はタンパク質分子の表面に露出しやすい．また，比較的安定な構造（硬いともいえる）である α ヘリックスや β ストランドを積極的に破壊し，タンパク質に柔軟性を付与するような特徴も持ち合わせている．もしタンパク質分子にターンやベンドがなかったら，浅いポテンシャルの N 状態における幅広い構造揺らぎ（図12-2）も，受容体におけるような情報伝達の中継基地としての機能も生まれなかったに違いない．その意味で，二次構造はどれもが重要なのである．

　電子伝達の機能をもつチオレドキシンは，ほどよい比率で α ヘリックスと β シートをもつタンパク質である．このタンパク質における α ヘリックスと β ストランドが，ターンやベンドによってどのように結合し，さらにターンやベンドが関節のような役割をして折れ曲がりを可能にしているかを示す（図12-14）．よく見ると，ターンやベンド部分がタンパク質の表面に露出していることがわかる．

12.4.2 ターンとベンドに現れやすいアミノ酸

　ターンとベンドに出現しやすい代表的なアミノ酸は，プロリン（Pro）とグリシン（Gly）である．他には，アスパラギン（Asn），アスパラギン酸（Asp），セリン（Ser）がある（図 12-15）．この中で，アスパラギンとアスパラギン酸は β ストランドを破壊しやすく，プロリンとグリシンとセリンは α ヘリックスを破壊しやすい．また，ターンとベンドは関節のような役割をもつために，タンパク質の表面に露出しやすく，溶媒分子や化学物質などから攻撃を受けてタンパク質分解の基点になることが多い．

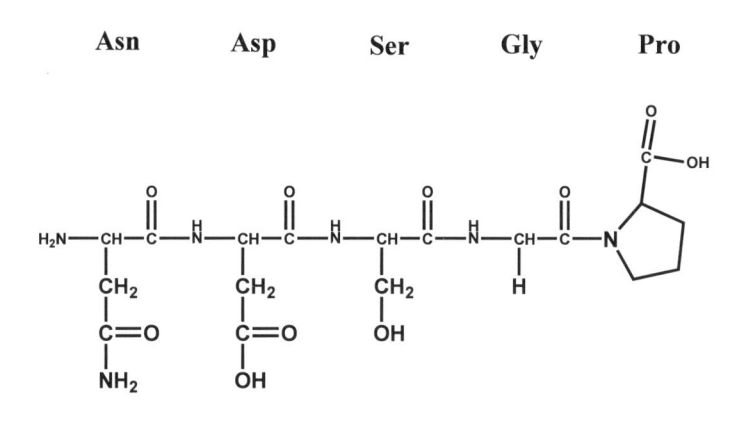

図 12-15　ターンとベンドによく現れるアミノ酸残基．

12.5　アルギニンはどこにでも現れる

　以上，二次構造とそこに特徴的に出現するアミノ酸のなかには，20 種類のアミノ酸のうちのアルギニン（Arg）だけが含まれていない．アルギニンは特定の二次構造への出現頻度との相関が乏しく，どの二次構造にも出現する可能性がある．アルギニン残基は，グアニジノ基に由来する強い塩基性を示し，水溶液中ではプロトン化したグアニジウムとして存在する（図 12-16）．

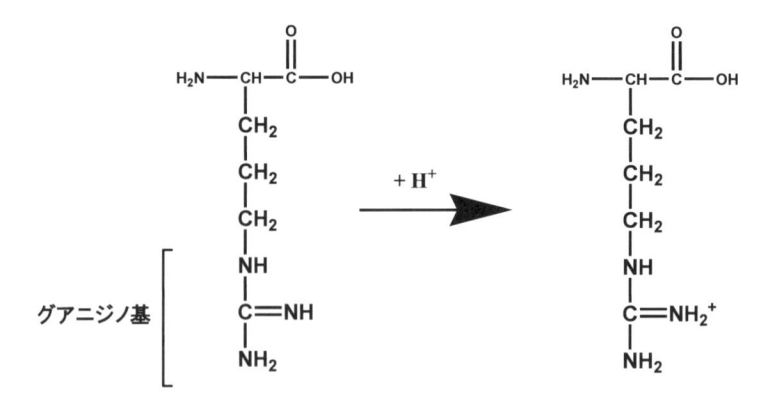

図 12-16 どの二次構造にも出現するアルギニン．グアニジノ基(左)はプロトン化して正イオンのグアニジウム(右)になりやすい．

12.6 円偏光二色性を使う二次構造の解析

タンパク質の二次構造を解析できる最も優れた手法は，結晶の原子配置まで決めてくれるX線結晶構造解析法である．結晶系の解析では**固体 NMR** も可能性があるが，分解能が低くタンパク質解析までは技術が完成していない．結晶化できないタンパク質の二次構造解析の場合には，溶液構造の解析を得意とする NMR を使うこともできるが，まだ質量に限界（10,000 Da 程度まで）があるだけでなく解析に時間がかかりすぎる．現在，タンパク質の二次構造の含量を簡便に計測するのに用いられている手法は，円偏光二色性（circular dichroism, CD）法である．

円偏光二色性は，直線偏光が**光学活性**な試料を透過するときに光が吸収されることから生じる現象である．直線偏光は，左右に同じ強度で振動する二つの偏光成分（右円偏光と左円偏光）に分けることができる．光学活性な物質は，右円偏光と左円偏光のうちのどちらかを強く吸収する性質があるため，透過してきた円偏光は左右の振幅強度が違う．このときに左右円偏光を吸収する物質による**吸光度** ε の差（$\varepsilon_L - \varepsilon_R$）を円二色性という．光学活性な物質を透過した

12.6 円偏光二色性を使う二次構造の解析

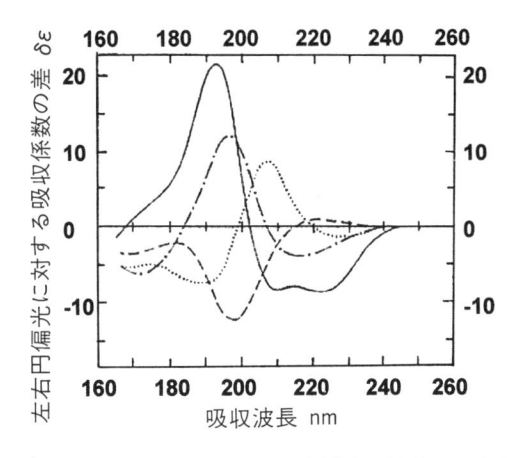

図 12-17 ポリペプチドの CD スペクトル．二次構造に特有の吸収位置（W. C. Johnson, Jr., Annu. Rev. Biophys. Chem., **17**（1988）145 を参考に改変）．

直線偏光は楕円偏光になるが，このとき生じる円二色性の大きさを楕円率という．CD スペクトルの横軸は吸収波長を表し，縦軸は各波長での吸光度の差（$\delta\varepsilon = \varepsilon_L - \varepsilon_R$）で正にも負にもなる（図 12-17）．

タンパク質あるいはポリペプチドに対する CD 法は，主として 100〜400 nm の真空紫外から紫外光のうち，200 nm 周辺に吸収帯をもつカルボニル発色団の分子軌道エネルギーの**電子励起**（$\pi \to \pi^*$ 遷移，$n \to \pi^*$ 遷移）を利用したものである．$\pi \to \pi^*$ は，ペプチド主鎖上のカルボニル基 C=O の二重結合のうちの結合性 π 軌道から反結合性 π^* 軌道への遷移を，$n \to \pi^*$ は，酸素原子上の**孤立電子対**（ビラジカル）の非結合性 n 軌道から π^* 軌道への遷移を表す．これらの遷移エネルギーの値は，水素結合や疎水結合の有無などカルボニル基の周辺環境によって異なるため，α ヘリックス，β ストランド，ターン，ベンドなどの二次構造に特異的な吸収位置（吸収曲線の極値）を示す．また，吸収強度は二次構造の量を反映するので定量評価も可能になる．典型的な吸収位置は以下のようである（図 12-17）．

- α ヘリックスは 222 nm 付近に極小値をもつ $n \to \pi^*$ 遷移由来の負の $\delta\varepsilon$ を示す．同時に，208 nm 付近には $\pi \to \pi^*$ 遷移の平行成分に由来する負の

$\delta\varepsilon$ を，190 nm 付近には $\pi\to\pi^*$ 遷移の垂直成分に由来する正の $\delta\varepsilon$ を示す．

- β ストランドに特有の吸収帯として，215 nm 付近に $\pi\to\pi^*$ 遷移の平行成分に由来する負の $\delta\varepsilon$ が，198 nm 付近には $\pi\to\pi^*$ 遷移の垂直成分に由来する正の $\delta\varepsilon$ が観測される．

12.7 感染性認知症"プリオン病"は二次構造の形成異常が原因

狂牛病の原因タンパク質である"プリオンタンパク質"はヒトにも存在し，正常型は253残基のアミノ酸残基から成る**膜タンパク質**である．名称プリオン（prion）の由来は，タンパク質（pro<u>tein</u>）と感染（infec<u>tion</u>）からの造語である．プリオンタンパク質は簡単に PrP と略記され，その意味は Prion Protein からきている．正常型のプリオンタンパク質は，cellular isoform の C を付けて PrP^C と略されたりする．PrP^C の立体構造は比較的 α ヘリックスに富んでいる．ロイシン 125 からアルギニン 228 までの正常型ヒトプリオンタンパク質の一次および二次構造情報（図 12-18），およびそれに相当する立体構造（図 12-19）を以下に示す．PrP^C は，小さな β ストランド（図 12-18 の EE お

```
                    Number of Alpha    5       Content of Alpha   49.04
                    Number of Beta     2       Content of Beta     3.85
Leu125
   \
   1 LGGYMLGSAM SRPIIHFGSD YEDRYYRENM HRYPNQVYYR PMDEYSNQNN
        EE    B             SSH HHHHHHHHTG GGS SB  EE     TTT       SSH

  51 FVHDCVNITI KQHTVTTTTK GENFTETDVK MMERVVEQMC ITQYERESQA
     HHHTHHHHHT HHHHHHHHHH T         HHHHH HHHHHHHHHH HHHHHHHHTT

 101 YYQR
     TTTT   Arg228
```

図 12-18　正常型ヒトプリオンタンパク質の一次および二次構造情報．

12.7 感染性認知症"プリオン病"は二次構造の形成異常が原因 153

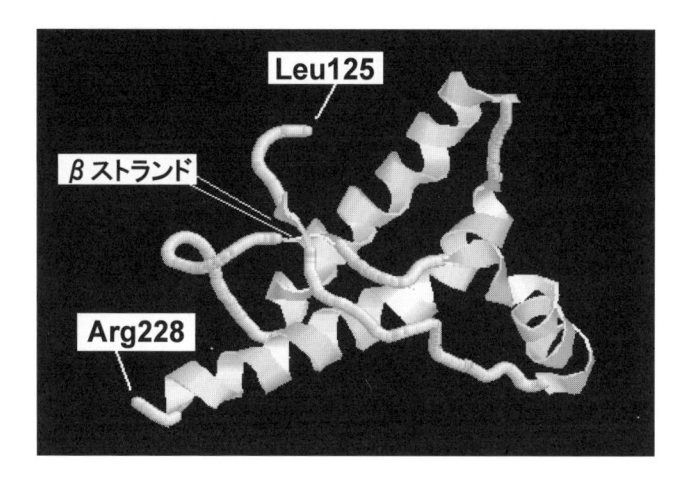

図12-19 正常型プリオンタンパク質の立体構造は α ヘリックスに富んでいる（Protein Data Bank Japan より転載，ID：1HJM）．

よび図12-19参照）が二箇所存在するが，αヘリックス（H）の占有率が極めて大きいことがわかる．

　正常型 PrP^c では β シートの占める割合は3.85%にすぎないが，異常型 PrP^{sc} になると30%を占めるようになる．ここで PrP^{sc} の上付きの Sc は，羊がかかる病気であるスクレイピー（scrapie）からきている．正常型と異常型はアミノ酸配列が共通であり，二次構造に転換が起こることが特徴である．しかし，PrP^{sc} は酵素分解に耐性をもつようになるほか，界面活性剤にも不溶になるため研究が難しく，正常型から異常型への転換の原因および高次構造も解明されていない．

第13章
タンパク質の同定と質量分析

　タンパク質の立体構造がX線結晶構造解析によって解明されてから約半世紀，現在では，溶液中で揺らいでいるタンパク質の構造がNMRによって解明され続けている（第7章参照）．これらのタンパク質研究でのノーベル化学賞の受賞は，X線では1962年，NMRでは2002年である．2002年には，同時にタンパク質の質量分析（mass spectrometry, MS）研究に対して2件のノーベル化学賞が授与された（第1章参照）．これは，タンパク質研究者や質量分析学者の長年の夢であった，100 kDaにものぼる大きな質量のタンパク質を気体状のイオン（gaseous ion）にするという，ソフトイオン化技術の開発に対してであった．タンパク質を気体状のイオンにできるソフトイオン化法の開発は，それ以前のタンパク質研究とは様相を一変させ，基礎研究者だけでなく世界中の製薬企業や医療機関をも巻き込み，遺伝子解析と一体となった大きな分野をつくりあげた．関連するキーワードとしては，ゲノミクス，プロテオミクス，バイオインフォマティクスなどをあげることができる．ここでは，プロテオミクスの主目的であるタンパク質の同定につき，質量分析による方法を述べる．

13.1　タンパク質の質量分析

　タンパク質のX線結晶構造解析とタンパク質のNMR解析では，それぞれ単結晶タンパク質および水溶液中タンパク質の立体構造を決めることが主要な目的である．一方，タンパク質の質量分析では，タンパク質を同定することが主要な目的である（図13-1）．これにより，既知のゲノム（遺伝子の塩基配列）情報に基づいて，動植物の各組織から取りだしたタンパク質が，DNA上のどこにコードされた遺伝子に相当するのか知ることができる．こうした情報

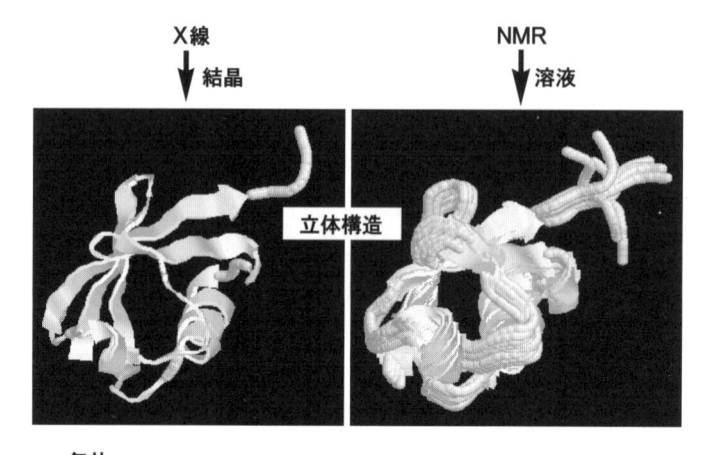

図 13-1 タンパク質の質量分析(MS)は X 線や NMR とは大きく異なる．X 線では結晶試料のまま，NMR では溶液試料のまま，MS では試料を気体状イオンにして分析する．上図については図 7-16 を参照．

　が得られると，**セントラルドグマ**に乗って DNA からタンパク質の発現までにいたる情報の流れを追跡することもでき，**スプライシング**の情報を得ることもできる（第 5 章参照）．
　タンパク質の**マススペクトル**（質量スペクトルともいう）の解析が X 線や NMR 解析と大きく違うのは，**質量分析**ではタンパク質そのものを直接分析することはほとんどなく，酵素で加水分解し，ポリペプチドにしてから分析を行うことである．さらに，そのポリペプチド試料も，まず気体状イオンにしてから分析されることも大きな違いである．すなわち，ペプチドの質量分析を行ったり，ペプチドのアミノ酸配列を決めたりして，そこから得られる**質量分析情報**を使ってタンパク質の同定を行うのである．
　タンパク質を直接分析するか，ポリペプチドにしてから分析するか，いずれにしても質量分析でタンパク質の同定が進められるようになったのは，ピコモル（10^{-12} mol）以下の微量のペプチドやタンパク質の質量が簡単に決められるようになってからである．すなわち，1980 年代にタンパク質をイオン化で

きる技術が開発されてからである（第1章参照）．さらに，質量分析によりタンパク質の同定速度が加速されたのは，その後の装置の改良に負うところが大きい．

13.2 タンパク質研究のための質量分析装置

　質量分析の主要な目的は，原子，分子，クラスターなどの質量を計測することである．その際，他の分析装置との大きな違いは，原子，分子，クラスターなどの試料を気体状イオンにしなければならないことである．質量分離装置のすべてが，真空中かつ電磁場下でのイオンの運動を基本にして設計されているために，どのような試料でもまずは電荷をもった気体状イオンにする必要がある．この制約は非常に厳しいため，気体状イオンをつくりだす技術には一世紀近くにわたる開発の歴史があり，いまだに新しいイオン化法開発の模索が続けられている．タンパク質の分析に使われる典型的な質量分析装置の概略を図13-2に示す．タンパク質の同定や構造研究に使われる質量分析装置は，タン

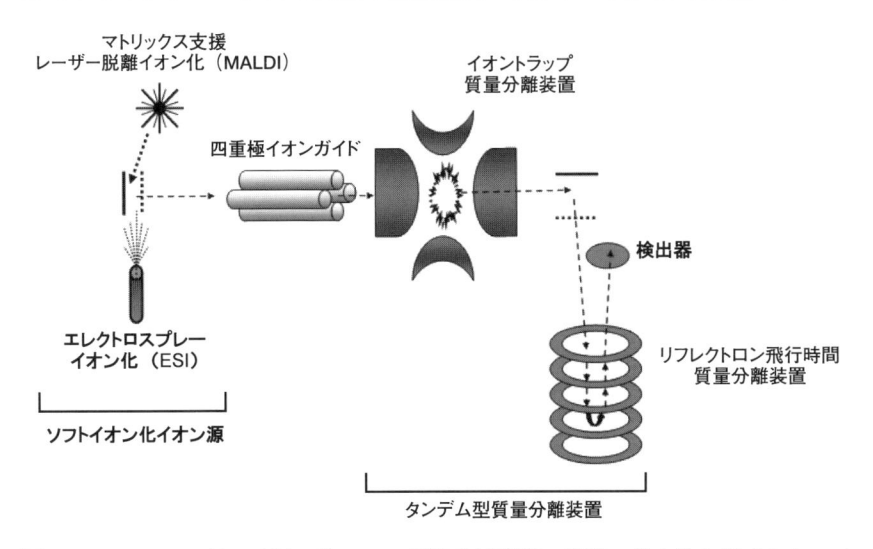

図13-2　タンパク質の分析に使われる質量分析装置の概略．基本的な構成としてイオン源と質量分離装置があり，目的に合わせた種々の組み合わせがある．

パク質やその酵素消化物であるペプチドを分解しないようにソフトにイオン化できる**イオン源**（ソフトイオン化イオン源）と，生成したタンパク質イオンやペプチドイオンの質量を高い精度で分離できる部分（質量分離装置）からできている．**質量分離部**には，特定の質量のイオンだけを選別する部分と，選別したイオンを強制的に分解するための部分がある．さらに，分解してできたイオンの質量を分析する質量分離部も備えていることが多い．このように多彩な機能をもつものをタンデム型質量分離装置といい，特にアミノ酸配列解析などを行うには欠かせない機能である．図 13-2 には，ソフトイオン化イオン源に続き，生成したイオンを質量分離部まで運ぶイオンガイド，そして異なるタイプの質量分離装置（イオントラップ型と飛行時間型）を二頭立て（タンデム）で結合した質量分析装置を示してある．以下には，質量分析におけるタンパク質のイオン化法とタンパク質イオンの分離法について述べる．

13.2.1 タンパク質イオンをつくるためのソフトイオン化

タンパク質やペプチドをソフトにイオン化するには，エレクトロスプレーイオン化 (electrospray ionization, ESI) 法とマトリックス支援レーザー脱離イオン化 (matrix-assisted laser desorption/ionization, MALDI) 法が使われる．これらのイオン化法の原理は全く異なるだけでなく，同じタンパク質やペプチドでも，得られるスペクトルのパターンがまったく異なる．例えば，相対分子質量 M_r 29,023 のヒトカルボニックアンヒドラーゼ II というタンパク質の ESI マススペクトルと MALDI マススペクトルを比較してみると，その違いがよくわかる（図 13-3）．すなわち，ESI ではスペクトルの横軸 (m/z) が 800 から 2000 Th までしか示されていないのに対し，MALDI では 2000 から 30,000 Th まで示されている．マススペクトルの横軸は，イオンの質量 m を電荷数 z で割った値で質量電荷比 m/z で表され，その単位は Th（トムソン）である．違いは横軸の表示範囲だけでなく，観測されるピークパターンにも現れている．この違いの原因は，生成するイオンの電荷数 z が違うことにある．電荷数とは，タンパク質に付加するプロトンの数，タンパク質から解離するプロトンの数，あるいは分子から脱離したり付加したりする電子の数のことであ

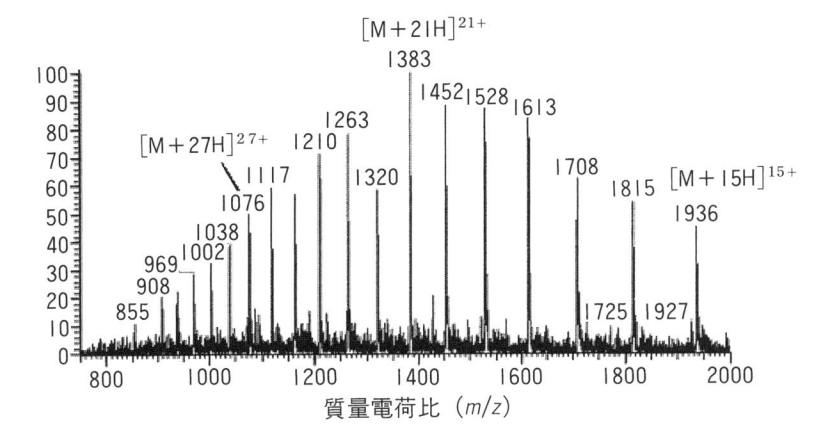

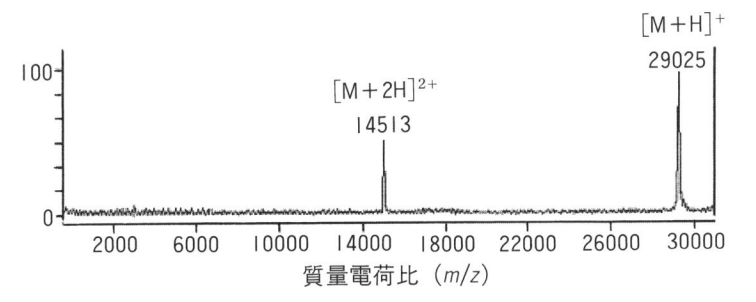

13.2 タンパク質研究のための質量分析装置

図 13-3 ヒトカルボニックアンヒドラーゼ II（相対分子質量 M_r 29,023）の正イオン ESI マススペクトル（上）と MALDI マススペクトル（下）．

る．すなわち，プロトンや電子などは単位電荷（電気素量 e ともいい，プラスでもマイナスでも同じ値をもつ）をもち，その電荷の数のことを電荷数という．

図 13-3 に示したスペクトルの違いは，ESI と MALDI ではイオン化の特性が違うところに原因がある．図 13-3 のマススペクトルは，どちらも質量 m のタンパク質に n 個のプロトン H^+ が付加して生成した正イオンのピークが観測されているが，ESI と MALDI では付加するプロトンの数が圧倒的に異なる．このことを理解するには，各ピークの m/z 値，すなわちマススペクトルの横軸が次の式から計算されることを知ればよい．

$$m/z = [m + n \times m_H]/n \tag{13.1}$$

ここで，m_H はプロトンの質量である．図 13-3 の ESI マススペクトルに観測される 20 本近くのピークの m/z 値は(13.1)式で計算される値であり，プロトンの付加数 n が異なる多数のイオンが生成していることを示している．すなわち，ESI の特性は，多数のプロトンが付加した多価イオン，すなわち多価プロトン化分子 $[M+nH]^{n+}$ が生成することである．一方，MALDI マススペクトルには，プロトンが 1〜2 個付加したプロトン化分子のピークが観測されているだけである．これが MALDI のイオン化特性であり，ESI とはまったく異なる．

(a) エレクトロスプレーイオン化（ESI）

ESI は，これまでに開発されてきたイオン化法のなかで最もソフトであり，構造的に不安定な水素結合による複合体などでも分解せずに気体状イオンにすることができる（図 13-4）．イオン源は，高電界（数千ボルト）と窒素気流による噴霧装置からなる．ESI における噴霧は電気力学的現象であり，試料が流れ出るキャピラリー先端に設置された金属に印加する電圧 V と，それによって生じる金属先端の電界強度 E がある値以上になったときに起こる．電界強

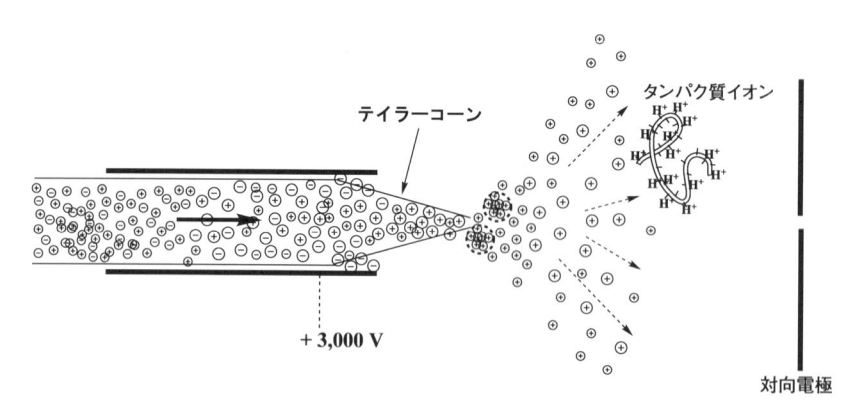

図 13-4 エレクトロスプレーイオン化におけるタンパク質イオンの噴霧．タンパク質イオンが生成する側は大気圧で，生成したタンパク質イオンは対向電極に空いた小孔を通過して真空中へ入り質量分離される．

度は(13.2)で与えられ，おおむね金属先端の曲率半径 r に逆比例する．
$$E=2V/[r\ln(4d/r)] \tag{13.2}$$
ここで，d は対向電極までの距離を表す．電圧が印加される金属部分の先端が細ければ細いほど電界強度が高くなり，低い電圧でも噴霧が生じるようになる．そのように内径が数 10 μm の極めて細い管から噴霧する場合をナノエレクトロスプレーという．キャピラリー中を流れるペプチドやタンパク質溶液は，溶液中ですでに塩基性部位や酸性部位がイオン化している．そこにさらに噴霧の直前に正または負の電圧を印加すると，正イオンの多い部分と負イオンの多い部分に分離する．すなわち，正電圧が印加されると，正イオンがキャピラリーの中心流付近に集まる．これは，正イオンではプロトンの濃縮効果を生じさせ，タンパク質の多数の塩基性部位にプロトン付加を促進させる効果をもつ．正イオンの多い中心流がキャピラリー先端に達すると，正イオンに富んだ溶液は電気的な力（クーロン力）によって引き延ばされる．この円錐状に引き伸ばされた液体のことをテイラーコーンというが，先端に向かって半径が減少

図 13-5 高電圧の印加によって金属管（(左)内径 30 μm）先端から流出する液体のイオン化噴霧の様子を右の CCD カメラで観察している様子．右方向へ向かって液体が噴霧されスカート状に広がっているのは，噴霧された液体がイオンになりクーロン反発が起こっている証拠．図は，噴霧された気体に左下方向から照明を当て，その散乱光を観察したもの．

するため，先端では正イオンの密度がさらに高まる．引き伸ばされたテイラーコーンはまだ液体のままであるが，それは表面張力が勝っているためである．テイラーコーンの先端で正イオンの濃度がさらに高まると，クーロン反発力が表面張力を上回り，ついに臨界的な半径に達する．このとき液体は維持されなくなり，ペプチドやタンパク質の多価プロトン化分子が爆発的に蒸発（クーロン爆発）する．これが ESI の噴霧現象であり，正イオン間の反発力によってスカート状に広がることが特徴である（図 13-5）．

（b） マトリックス支援レーザー脱離イオン化（MALDI）

MALDI は，結晶性の有機化合物（マトリックス（図 13-6）と呼ばれる）にタンパク質やペプチドを混ぜて混合結晶（針状結晶や粉末微結晶となる）とし，そこにパルスレーザー光を照射してイオン化し，気体中に吹き飛ばす方法である（図 13-7）．混合割合はモル比で試料 1 に対してマトリックス 10,000 程度であり，レーザー光を吸収するマトリックスが大過剰になるようにする．こうすることで，レーザー光のほとんどがマトリックスに吸収され，タンパク質やペプチドは破壊されなくなる．混合するときには，タンパク質やペプチドの絶対量は数ピコモル程度になるように調製するとよい．レーザー光には窒素レーザー（337 nm）が使われることが多く，これに適する結晶性マトリックスとしてシナピン酸，2,5-ジヒドロキシ安息香酸，αシアノ-4-ヒドロキシ安息

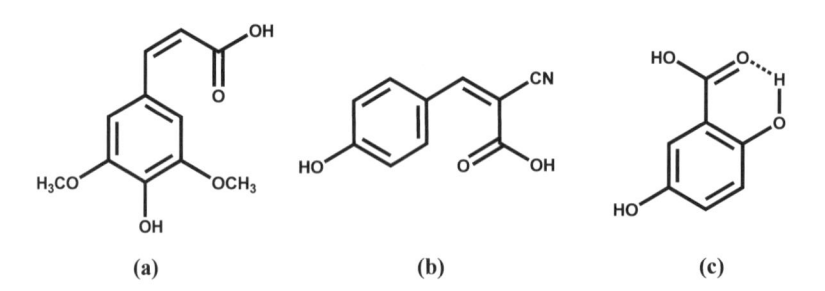

図 13-6　タンパク質やペプチドをイオン化するために使われるイオン化試薬である結晶性マトリックス．（a）シナピン酸，（b）αシアノ-4-ヒドロキシ安息香酸，（c）2,5-ジヒドロキシ安息香酸．

香酸が使われる（図 13-6）．

上に述べたように，MALDI では，試料にレーザー光を照射してもタンパク質が分解することはほとんどない．その理由は，レーザー光のエネルギーのほとんどがマトリックスに吸収され，励起マトリックスの生成と集団的な爆発を起こさせるのに使われるためである．タンパク質は，爆風に乗って気相中へ浮上しながら，励起マトリックスとの間でプロトン H^+ の授受を行い，イオン化されてプロトン化分子 $[M+H]^+$ や $[M+2H]^{2+}$ を生成する（図 13-7）．

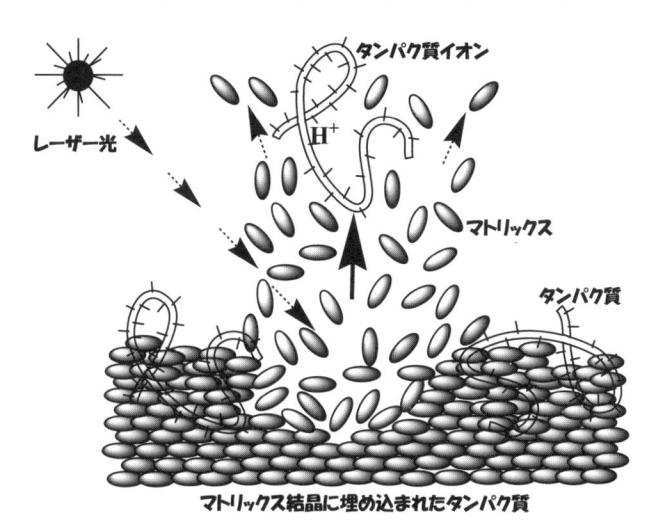

図 13-7 マトリックス支援レーザー脱離イオン化におけるタンパク質のイオン化と爆発的浮上．タンパク質は浮上と同時にマトリックスからプロトンを受け取りプロトン化分子 $[M+H]^+$ となる．

13.2.2 タンパク質イオンを分離するための装置

上に述べたように，ソフトイオン化法を使ってタンパク質イオンをつくり，その質量電荷比 m/z を計測することは簡単である．しかし，後で述べるタンパク質の同定のためには，正確な質量分析情報を得るために性能の高い質量分離装置を使う必要がある．例えば，質量分解能の高い装置で計測すると，同位体組成の異なる複数のイオンのピーク群まで観測され（図 13-8 の左図），分解

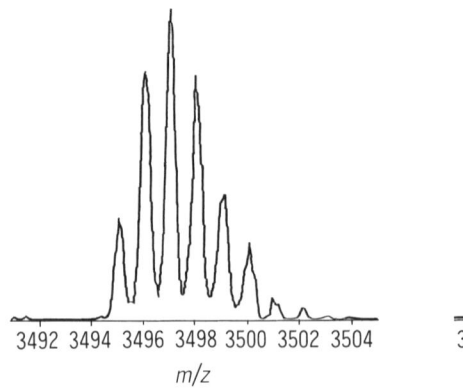

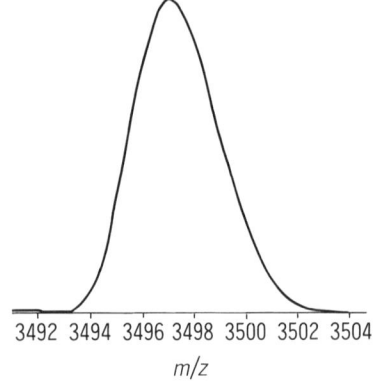

図13-8 インシュリンB鎖（相対分子質量 M_r 3495.9）のプロトン化分子 $[M+H]^+$ のピーク．高性能の分離装置で測定したマススペクトルは同位体組成に応じた分離ピーク群を与える(左)．性能の低い装置では各同位体ピークは分離せずブロードな1本のピークになる(右)．

能の低い装置ではブロードな1本のピークしか観測されない（図13-8の右図）．図13-8はインシュリンB鎖のプロトン化分子 $[M+H]^+$ のピークである．インシュリンB鎖はアミノ酸30残基とシステイン7とシステイン19がスルホン化（$-SO_3H$）されたペプチドで，$C_{157}H_{232}N_{40}O_{47}S_2$（相対分子質量 M_r 3495.89）の分子式をもつ．このプロトン化分子のモノアイソトピック質量（天然同位体存在度が最大の同位体の質量で計算）は3494.6513 uであり，平均質量（相対原子質量で計算）は3496.90である．図13-8の左図のピーク群のなかの左端の m/z 3495付近に観測されているピークの質量がモノアイソトピック質量であり，主イオンと呼ばれる．主イオンより高 m/z 側に観測されるピークは同位体イオンのピークである．右図のブロードなピークの中心は，プロトン化分子の平均質量に等しくなる．しかし，性能の低い分離装置から得られるおおまかな質量分析情報では，タンパク質の同定の際にも不正確な結果しか得られない．また，生成イオンから種々の質量分析情報を得るためには，目的に合わせた分離装置を選ぶ必要がある．ここでは，タンパク質の同定，すなわちプロテオーム解析に使われる質量分離装置について述べる．

タンパク質の同定に利用される質量分析情報には，タンパク質ではなく酵素

13.2 タンパク質研究のための質量分析装置

消化したポリペプチドの質量電荷比 m/z が使われ，その値は 10,000 Th 以下であることが多い．このためによく使われる質量分離装置は，四重極イオントラップ（quadrupole ion trap, QIT）型，線形イオントラップ（linear ion trap, LIT）型，三連四重極（triple quadrupole, QqQ）型，リフレクトロン飛行時間（reflectron time-of-flight, RETOF）型であり，あるいはこれらを組み合わせたタンデム型質量分離装置である（図 13-2 参照）．タンデムとは二頭立ての意味であり，質量分離装置が二台連結している装置のことをタンデムMS（MS/MS，エムエスエムエスと読む）という．いずれにしても，必要なのはイオン源で生成したペプチドイオンを，図 13-8 の左図のように 1 原子質量単位（unified atomic mass, u）ごとに分離したピーク群として検出できる装置である．また，ペプチドイオンを装置の中で分解し，アミノ酸配列の情報などを得るには，タンデム MS の機能を備えた装置が必要である．典型的には，上に挙げた QIT, LIT, QqQ, QqQ/RETOF, QIT/RETOF などがそれに相当する．例えば，サブスタンス P（相対分子質量 M_r 1347.6）のプロトン化分子 $[M+H]^+$ を RETOF 装置の中で分解すると，図 13-9 のようにプロトン化分子が分解して生成した生成イオンスペクトルが得られる．このなかに観測されるピーク 1 本 1 本の上端に記載されている m/z 値が，アミノ酸配列を反映する質量分析情報である．サブスタンス P のアミノ酸配列は RPKPQQFFG-

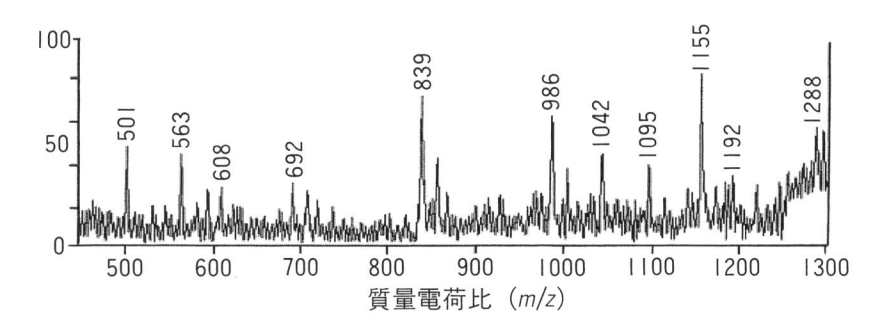

図 13-9 サブスタンス P（相対分子質量 M_r 1347.6）のプロトン化分子 $[M+H]^+$ を RETOF 中で分解して得た生成イオンスペクトル．各ピークの数値はアミノ酸配列情報を得るために使われる．

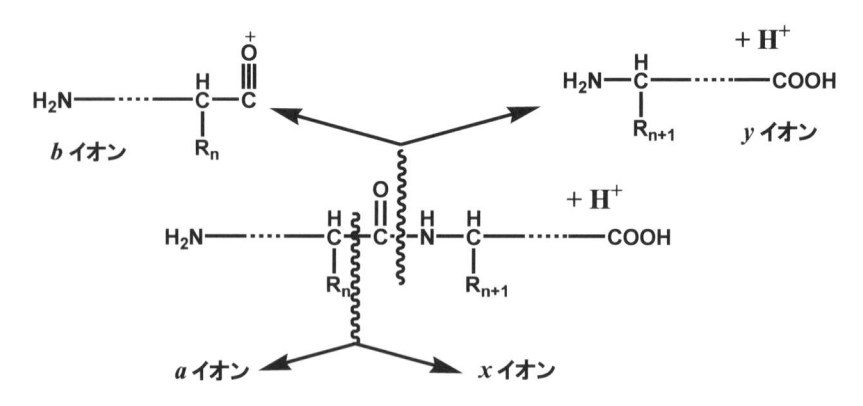

図 13-10 ペプチド主鎖の典型的な結合開裂の位置と生成イオンの名称．この他に N-C 結合の開裂に由来する c イオンと z イオンなどがある．

LM-NH$_2$（アルギニン・プロリン・リジン・プロリン・グルタミン・グルタミン・フェニルアラニン・フェニルアラニン・グリシン・ロイシン・メチオニン）のようであり，C 末端は-COOH ではなくアミド化（-CONH$_2$）されている．

　図 13-9 の生成イオンスペクトルからアミノ酸配列を読み出すための基本は，ペプチドイオンの分解位置とそれによって生成する断片イオンの名称である（図 13-10）．この命名法に従うと，N 末端から n 番目と $n+1$ 番目のアミノ酸残基の間で開裂して生成したイオンには a_n と b_n の名称が付けられ，C 末端から n 番目と $n+1$ 番目のアミノ酸残基の間で開裂して生成したイオンには x_n と y_n の名称が付けられる．例えば，図 13-9 の m/z 1155 は $[a_{10}-17]$，m/z 1095 は $[y_9]$，m/z 1042 は $[a_9-17]$，m/z 986 は $[a_8-17]$，m/z 839 は $[a_7-17]$ 等々のように割り当てることができる．ここで数値-17 は，a イオンからアンモニア（NH$_3$，質量 17 u）が脱離していることを意味する．アミノ酸配列が未知の場合，得られた各ピークの m/z 値に可能なアミノ酸配列の組み合わせを割り当てることで，分解スペクトルを説明し得るアミノ酸配列の候補を挙げることができる．次に述べるように，これらの作業は計算機で自動的に行うことが多い．

13.3 質量分析情報とタンパク質同定のための入力情報

　動植物の組織や細胞から取り出したタンパク質が何なのか，すなわち，DNA 上のどこにコードされていた遺伝子に相当するものなのか，あるいはそのタンパク質の名前は何なのか同定するには以下の方法が使われる．

　a) **エドマン分解法**で N 末端のアミノ酸配列を 10 残基程度決定し，その配列情報を使ってタンパク質（アミノ酸配列）データベースまたはゲノム（塩基配列）データベースで検索する．

　b) アミノ酸特異的に分解する酵素で加水分解し，得られた断片ペプチド群の質量電荷比 m/z を MS で計測し，その値を使ってタンパク質データベースで検索する．これを**ペプチドマスフィンガープリンティング**（peptide mass fingerprinting, PMF）法といい，そのときのマススペクトルをペプチドマスフィンガープリントという．

　c) 酵素で加水分解して得たペプチドをイオンにし，MS/MS でアミノ酸配列を得て，その配列情報を使ってタンパク質（アミノ酸配列）データベースまたはゲノム（塩基配列）データベースで検索する．

　a) は生化学分野でもっともよく使われていて，装置も自動化され完成した方法である．b) と c) は質量分析情報を使うタンパク質の同定法で，a) に比べて迅速な分析が可能であるが，特に c) は装置依存性や実験者の技術に依存する．いずれの方法も，得られる結果はタンパク質またはゲノムのデータベースの充実度（データ量と精度）に大きく依存している．データベース検索の際に入力する情報は，PMF 法では**断片ペプチド群の m/z 値の集合**，MS/MS 法では断片ペプチドから得られた**部分的なアミノ酸配列**である．これらの情報を，パソコンを使ってインターネット経由などでデータベースサイトの画面に入力すると，可能なタンパク質の候補を手にすることができる（図 13-11）．入力情報を作成するには，MS 装置を使って質量分析情報を得る必要がある．

　タンパク質同定のために入力する情報を作成するのに必要な基本的な**質量分析情報**は，以下のようである．

第13章　タンパク質の同定と質量分析

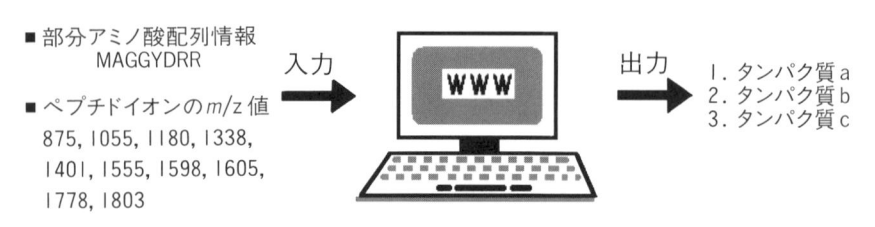

- 部分アミノ酸配列情報
  MAGGYDRR
- ペプチドイオンの m/z 値
  875, 1055, 1180, 1338,
  1401, 1555, 1598, 1605,
  1778, 1803

入力 → [WWW] → 出力
1. タンパク質 a
2. タンパク質 b
3. タンパク質 c

図 13-11　インターネットを使うタンパク質のデータベース検索.

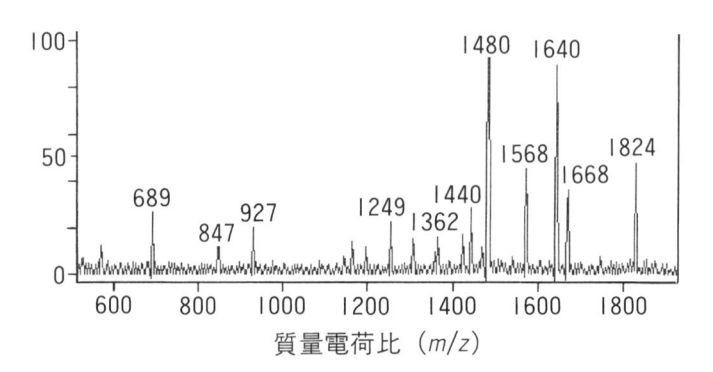

図 13-12　ペプチドマスフィンガープリント．タンパク質を酵素消化して得たペプチド断片のプロトン化分子 $[M+H]^+$ のピーク群．各ピークの上端に記された m/z 値が質量分析情報であるとともに，直接の入力情報でもある．

a) 酵素消化して得たペプチド断片イオンの質量
b) ペプチドイオンの分解で生じた生成イオンの質量
c) タンパク質イオンの質量

これらの情報は，マススペクトル中に現れるピークの質量電荷比（m/z）の値として得られる．酵素消化する前のタンパク質の質量は二次元電気泳動でおおよその値が得られるため，c) のタンパク質イオンの質量情報は不要であることが多い．

質量分析情報 a) において，酵素消化して得たペプチド断片イオンの m/z 値は，図 13-12 のペプチドマスフィンガープリントに示すように，多数のペプチド断片を一度に分析してマススペクトルを得ることが多い．各ピークは1本に

13.3 質量分析情報とタンパク質同定のための入力情報　169

見えるが，拡大すると同位体組成の異なる数本のピーク群からなるため，質量分析情報として m/z 値を読むときには注意する必要がある．質量 2000 u 程度以下のペプチドでは，天然同位体存在度が最大の同位体だけからなるモノアイソトピックピークの m/z 値を使えばよい（図 13-13）．ペプチドマスフィンガ

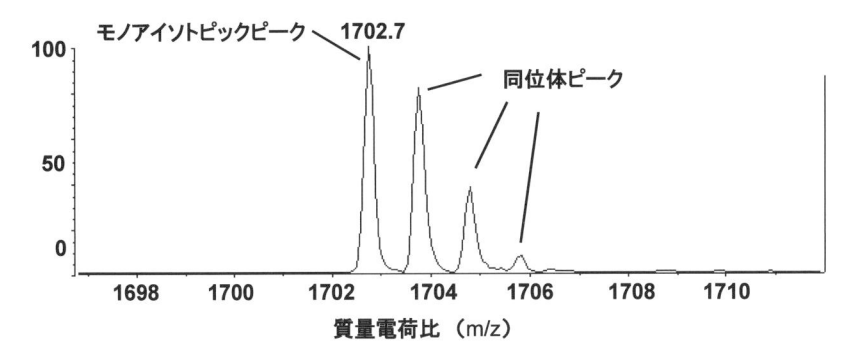

図 13-13 マススペクトルに現れる分子量関連イオンのピークは同位体組成の異なる数本のピークからなる．質量分析情報としてはモノアイソトピックピークの m/z 値を使う（図 13-8 も参照）．

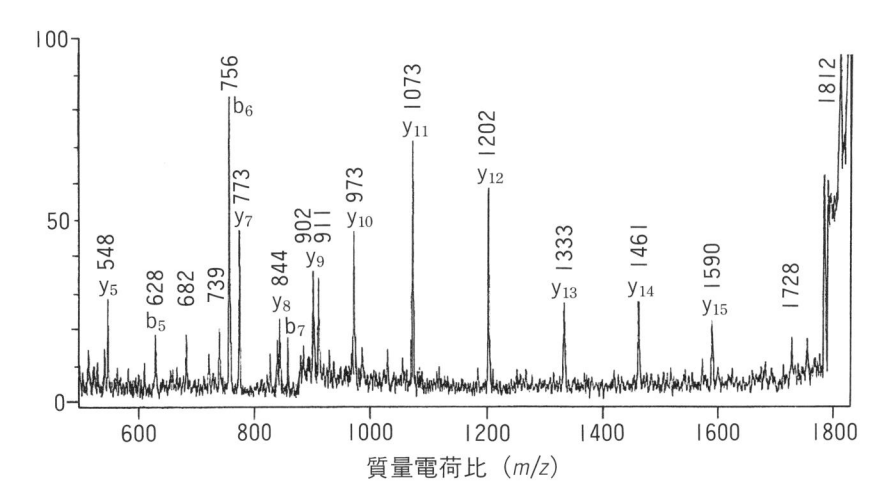

図 13-14 MALDI-RETOF MS 装置によるポストソース分解法を使って得たペプチドイオンの生成イオンスペクトル．各生成イオンピーク間の質量差からアミノ酸配列が推定できる．

ープリントの m/z 値の集合は，タンパク質に固有であるために，その名のとおり，タンパク質を同定する指紋である．

質量分析情報 b) において，ペプチドイオンの分解で生じた生成イオンのピーク群の m/z 値は，各ピーク間での m/z 値の差 $\Delta(m/z)$ がアミノ酸の質量に相当することが多いので，そのペプチドのアミノ酸配列を反映する．生成イオンのスペクトルは，質量分析装置に付随する様々なイオン分解の機能を使って手にすることができる．図13-9 および図13-14 は，MALDI-RETOF MS 装置のポストソース分解（イオン源で生成したプロトン化分子がイオン源を出てからフラグメントイオンに分解すること）法によって得たものである．図13-14 は，Pyr-EEEETAGAPQGLFRG-NH$_2$（ピログルタミン酸・グルタミン酸・グルタミン酸・グルタミン酸・グルタミン酸・トレオニン・アラニン・グリシン・アラニン・プロリン・グルタミン・グリシン・ロイシン・フェニルアラニン・アルギニン・グリシン）のアミノ酸配列をもつペプチド porcine pancreastatin 33-49（相対分子質量 M_r 1830）のプロトン化分子 $[M+H]^+$ をポストソース分解して得た生成イオンスペクトルである．各ピークの m/z 値と一緒に記してある記号 b_n と y_n は，ペプチド主鎖の結合開裂の位置を示している（図13-10）．生成イオンの y_{11} から y_{15} までの各ピーク間の質量差はグルタミン酸残基（E），$-\mathrm{HN-C}_\alpha\mathrm{H(C_2H_4COOH)-CO-}$，の質量（129 u）に相当するので，このペプチドには EEEE のアミノ酸配列があることがわかる．ただし，この図では各ピークの m/z 値に測定誤差が生じているため，各ピーク間の質量はどこでも 129 u にはなっていない．

13.4　質量分析情報を使うタンパク質の同定

二次元電気泳動などによって分離されたタンパク質を，質量分析を使って同定する一般的な手順を図13-15 に示す．ペプチドイオンの m/z 値を基本とする質量分析情報は，ペプチドマスフィンガープリンティング用の入力情報あるいはアミノ酸配列入力情報に変換され，各入力情報を使って検索することになる．タンパク質の同定を目的としたさまざまな機能のソフトは，ExPASy

13.4　質量分析情報を使うタンパク質の同定　　*171*

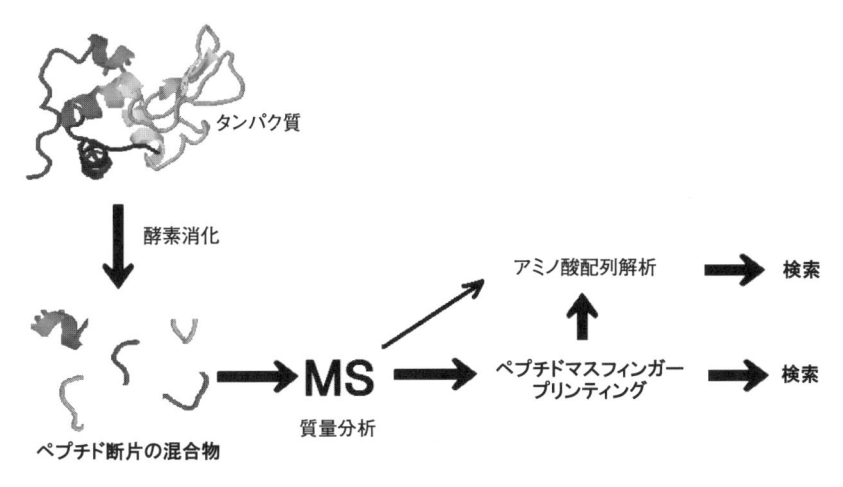

図 13-15　質量分析を使うタンパク質同定の一般的手順．迅速なペプチドマスフィンガープリンティングには MALDI-RETOF MS を，アミノ酸配列解析には ESI と結合した MS/MS 装置を使う．図で検索は，データベースとの照合検索を表す．

Proteomics Server (http://us.expasy.org/tools/, 図 13-16) あるいは EMBL-EBI (http://www.ebi.ac.uk/services/) などからインターネット経由で利用することができる．以下では，ペプチドマスフィンガープリンティングとアミノ酸配列情報を利用したタンパク質の同定について述べる．

(a)　ペプチドマスフィンガープリンティング (PMF) を使う

PMF は，酵素消化と質量分析を組み合わせたタンパク質の同定法で，最もよく使われている．消化酵素には，トリプシン（アルギニンおよびリジン残基の C 末端側のペプチド結合を特異的に加水分解する）やキモトリプシン（フェニルアラニンおよびチロシン残基の C 末端側のペプチド結合を優先的に加水分解する）など，あるいは化学物質として臭化シアン（メチオニン残基の C 末端側のペプチド結合を特異的に切断する）を使う．タンパク質を複数のペプチド断片にして質量分析すると，相当するピーク本数のペプチドイオンの m/z 値が得られる．ペプチドイオンのピーク群を示すマススペクトルのことをペプ

172　第13章　タンパク質の同定と質量分析

ExPASy Proteomics Server

The ExPASy (Expert Protein Analysis System) proteomics server of the Swiss Institute of Bioinformatics (SIB) is dedicated to the analysis of protein sequences and structures as well as 2-D PAGE (Disclaimer / References).

[Announcements] [Job opening] [Mirror Sites]

Databases	Tools and software packages
• Swiss-Prot and TrEMBL – Protein knowledgebase • PROSITE – Protein families and domains • SWISS-2DPAGE – Two-dimensional polyacrylamide gel electrophoresis • ENZYME – Enzyme nomenclature • SWISS-3DIMAGE – 3D images of proteins and other biological macromolecules • SWISS-MODEL Repository – Automatically generated protein models • GermOnLine – Knowledgebase on germ cell differentiation • Ashbya Genome Database • Links to many other molecular biology databases	• Proteomics and sequence analysis tools 　○ Proteomics [Aldente (PMF) new, PeptideMass, ...] 　○ DNA -> Protein [Translate] 　○ Similarity searches [BLAST] 　○ Pattern and profile searches [ScanProsite] 　○ Post-translational modification and topology prediction 　○ Primary structure analysis [ProtParam, pI/MW, ProtScale] 　○ Secondary and tertiary structure prediction [SWISS-MODEL, Swiss-PdbViewer] 　○ Alignment [T-COFFEE, SIM] 　○ Biological text analysis • ImageMaster / Melanie – Software for 2-D PAGE analysis • MSight – Mass Spectrometry Imager • Roche Applied Science's Biochemical Pathways

図 13-16　タンパク質を同定するためのさまざまなソフトウェアを提供する公共サイト（http://us.expasy.org/tools/より転載）．

チドマスフィンガープリントという．または，酵素消化物の質量分析の結果得られた，ペプチドイオンの m/z 値の集合（$m_1, m_2, m_3, \cdots$）もペプチドマスフィンガープリントという．ペプチドイオンの m/z 値の集合はタンパク質に固有であるため，データベースに登録されているタンパク質の部分質量と比較照合することにより，可能なタンパク質候補を検索することができる．WEB 上で公開されている検索ソフトの一つを図 13-17 に示す．PMF に使われるイオンとして，10 本程度の有意なピークが観測されれば同定できる．

(b)　**アミノ酸配列情報を使う**

より精度の高いタンパク質の同定にはアミノ酸配列の情報が必要である．PMF で使ったペプチドイオンを MS/MS で分解し生成イオンを得ると，アミノ酸配列の情報が得られる．生成イオンの質量 $m_1, m_2, m_3, \cdots$ はペプチドのア

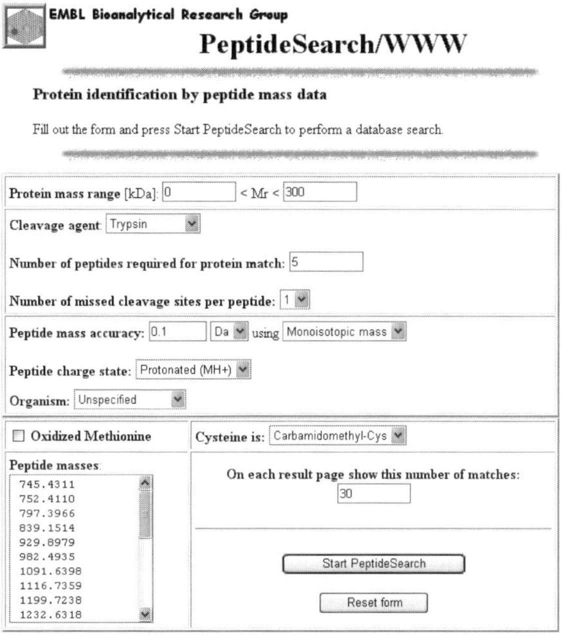

13.4 質量分析情報を使うタンパク質の同定

図13-17 ペプチドマスフィンガープリンティングによるタンパク質同定のための入力画面．画面左下の枠にペプチドイオンの m/z 値を入力する（http://www.mann.embl-heidelberg.de/GroupPages/PageLink/peptidesearch/Services/PeptideSearch/FR_PeptideSearchFormG4.html より転載）．

ミノ酸配列を反映するので，解析ソフトなどを使ってアミノ酸配列を推定する．得られた部分的アミノ酸配列を，やはり WEB 上に公開されている検索ソフトを使って入力すると可能なタンパク質候補を得ることができる（図13-18）．質量分析でペプチドイオンを分解し，生成イオンを得るには多くの方法があるが，いずれも高度な技術と解析能力を必要とすることが多い．

174 第13章 タンパク質の同定と質量分析

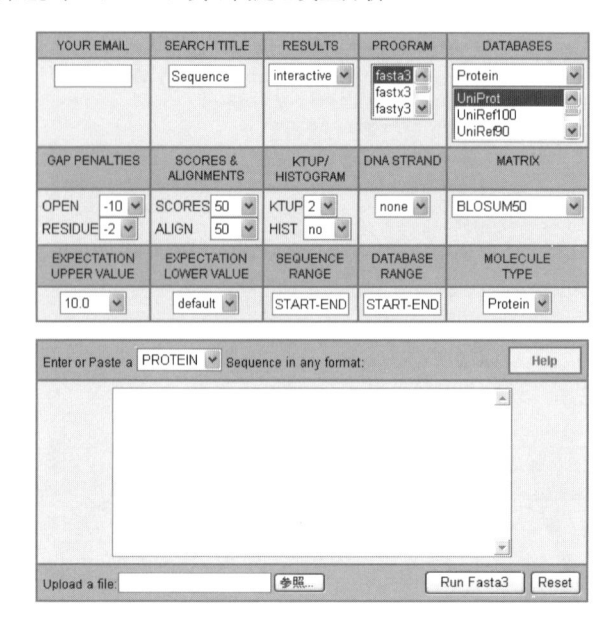

図 13-18 部分アミノ酸配列情報によるタンパク質同定のための検索ソフト fasta の入力画面（http://www.ebi.ac.uk/fasta33 より転載）．

第14章
生きているものと生きていること

　タンパク質が生物体をつくりあげている主要材料であることに疑いの余地はない．機械やロボットをつくりあげている金属材料や電子部品との違いは，部品としてのタンパク質の数と種類が膨大でその寿命は短く，絶えず入れ替わっていることである．それも自動的に入れ替え（合成と分解）が進行することである．合成されては壊れてゆく，そのバランスのうえにヒトも生物もその形と大きさを維持していられる．そのバランスが自然に破れるところがヒトや生物の寿命と呼ばれるものであろう．機械やロボットには，現在の技術ではまだ自動修復の機能は備えられていないが，自ら考え自らを修復するロボットができたときには生物にきわめて近くなると考えられる．明らかに，現代科学はそのようなヒトや生物に近いものをつくりあげようとしている．また，ソフトも含めたコンピューターの発展は，ヒトの脳を模倣しようとしている．この最後の章では，タンパク質などの生体成分からできているものとしての生物が，生命をもつとはどういうことか考えてみる．

14.1　生物は原子でつくられた機械か？
ーデカルト対ベルグソンー

　生物は原子・分子という部品からつくられている精巧な機械である．これは，現代分子生物学が拠り所にしている教義のようなものである．なぜ機械論なのか．その理由は，複雑なものは要素に分けて単純にすれば理解できるという**要素還元主義**からきている．生命現象を生みだしている生物を理解するには，解剖して各部の部品をよく観察しその構造や働きを調べ，部品の配置と関係を調べ上げればよい，と考えているからである．好奇心旺盛な子供が玩具を分解したり大人でも精巧な時計や電子機器を分解したりして，全体の働きを中

身から理解したい欲求と，実際そのようにすると納得できることを経験的に知っている．古くから行われてきた植物や動物の解剖とその知識の集積は，生命現象を不思議に思い，そして自分自身の存在さえも不思議に思い，あらゆる事物に対する好奇心を満足させようとしてきた人間の本能と欲求に基づくものであろう．

　生物が分子という部品からつくられていること，それを現代科学的な証拠とセンスをもって示したのはワトソンとクリックであった．彼らは1953年に**デオキシリボ核酸**（deoxyribonucleic acid, DNA）の二重らせん構造のスケッチを発表した．単純な分子の連鎖によるらせん構造から成るそのデザインは，多くの人に受け入れやすいものであった．提出されたらせん構造は，それまで知られていた**シャルガフの法則**，遺伝情報の複製，そして遺伝情報がDNAにあるという事実をうまく説明してくれた．このとき，生きて目の前にある生物と分子という機械的な化学物質の距離が一気に縮まったといえる．生物の中でも人間は，単なる物体としての機械的身体と自身の存在を感じることのできる意識からできているという**二元論**は，16世紀から17世紀にかけて活躍したルネ・デカルト（1596-1650）により，深く考察されている．デカルトの要素還元主義と生物機械論（または**人間機械論**）は，時代を超えて受け継がれ，現代では生物は原子と分子からつくられた構造体であり，感覚や意識などはそれら構造体が発する機能であると理解されている．生物をコンピューターに模すと，原子と分子からつくられている直接目に見える生物体の構造面は中央演算処理装置（central processor unit, CPU）関連回路や液晶画面などのハードウェアに，感覚や意識などの見えない機能面はプログラムから成るソフトウェアに対応づけられる．研究者や技術者の役割は，生物の構造をよく知りそこから生まれてくる機能を解明することである．また，このようにして生物は理解できるものと信じられている．

　要素還元主義に基づいて生物を理解するのに，いつも現れてくる解決すべき困難は，要素と要素の組み合わせから感覚や意識などの機能がどのように現れてくるのか，うまく説明できない点である．この困難は，光の波動性と粒子性の相補性を提唱したニールス・ボーア（1885-1962）によっても論じられ，生

写真 14-1 デカルト(左)(Alain：デカルト (1971) より)[1]，ベルグソン(中央)(澤瀉：ベルクソン (1979) 口絵より)[2]，ペンフィールド(右)(Penfield：脳と心の正体 (1987) 扉より)[3].

物という構造体と生命機能との間にも相補性があるのではと考えさせたほどである．化学と物理学そしてテクノロジー全盛の現代では，物質と精神を独立に共存させる二元論に対する旗色は悪い．しかし，世界的に影響力のある脳神経学者であったワイルダー・ペンフィールド（1891-1976）は，先入観のない議論の積み重ねの最終段階で，脳という物質の他に精神を生みだす何らかのエネルギー的要素があると考えざるを得ないという二元論的考えに達している．さらに 20 世紀初頭，フランスの哲学者アンリ・ベルグソン（1859-1941）は，生物をその要素に分解しても生命を理解できるとは到底考えられないと主張し，デカルトの思想とは真っ向から対立した．ベルグソンはペンフィールドのような二元論者ではなかったが，いわゆる要素還元主義が万能であるとの考えに反対したのであって，全体は要素の単純な足し合わせではないと直観的に考えたのである．生物を形づくっている原子や分子を組み合わせて再構築することにより，総体としての生物の行動やヒトにおける精神や意識といった高次の機能をいかに生みださせるか，それが可能だと予想したのがデカルトであり，むしろ全体の現象から詳細の方向へ考えるべきだとしたのがベルグソンである．この問題は現在でも解決していない．しかし，生物体の要素材料である DNA やタンパク質を十分に研究すれば生命現象の理解に近づけるに違いないと考えている現代の多くの分子生物学者にとって，この問題の意味するところは小さく

ない．デカルトとベルグソンははたして融和できるのであろうか？

20世紀の中葉から末にかけて，凝縮系における相転移や乱流，対流，非平衡系におけるパターン形成といった複雑な問題に対する挑戦が始まった．その代表は非平衡散逸系の研究によってノーベル化学賞（1977）を受賞したイリヤ・プリゴジン（1917-2003）であった．そのころ現れてきた新しい科学の概念である**協力現象，非線形非平衡系**，カオスなどは，原子や分子の性質と挙動からは予想できない全体的な現象を代弁しようとするものである．その究極の目的が生命現象の理解にあり，まさにデカルトとベルグソンを融和させる科学の出現である．

単なる機械と生物とで何が違うのか．飼育している生物が生きている状態から死の状態に移行したとき，魂が抜けたとするのが極端な二元論であり，そうではなくその生物を構成する分子の酸化などによって機能が維持できなくなった等の理由を考えるのが一元論である．一元論の立場からは，仕事をする分子といわれるタンパク質について，生物が生きているときのタンパク質と死んだときのタンパク質とでは何が違うのか，考える必要があるが，その前に生物と生命の違いについて考えておく．

14.2　生物と生命

生物（organism）は"生きているもの"を表し，生命（life）は"生きていること"を表す．生物が，解剖や分析によって明らかにされる構造（骨組み，細胞内外での物質構成，生体分子の化学構造など）をもつものであるとすれば，生命は構造から生みだされる働きや動態，挙動などの機能を意味しているといえよう．生命の理解は，人類にとって地球上に考えるヒトが登場して以来，現在まで変わらずに考え続けられている普遍的なテーマである．ヒトという生物は，自らの生命現象として生命ということを考え続けてきた，あるいは自らの存在について考えてきたといえる．簡単にいえば，生物と生命の関係は次のようにいい表すことができる．すなわち，「ものに生命を吹き込むと生物になる」．これは二元論的ないい方であるが，要素還元主義の現代科学の立場

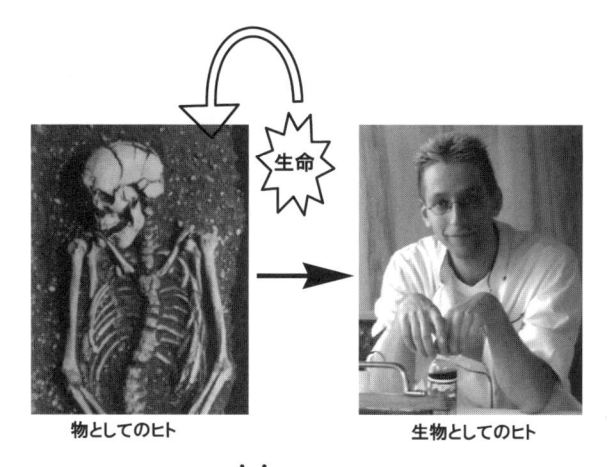

物としてのヒト → **生物としてのヒト**

図 14-1　生物二元論．ものに生命を吹き込むと生物になる．

からいえばわかりやすい説明である（図 14-1）．しかし現実には，生物はそのなかに生命現象を内包するものあるいは存在である．

14.3　シュレーディンガーからプリゴジンへ

　物理学者はときどき生命を論じてきた．物理学者が生命を論じるときに用いる物理法則は熱力学第二法則である．この傾向は，古くはエルウィン・シュレーディンガー（1887-1961）に始まり，近年ではプリゴジンに代表される．前者は波動力学を創り上げ，後者は不可逆過程を定式化した理論物理学者であり，同時に両者とも思想家として著書を著している．シュレーディンガーは生物の特徴を比喩的に"負のエントロピーを食べて生きている"と表現し，プリゴジンは"平衡から遠い**非線形非平衡系**で出現する散逸構造"で表現した．プリゴジンの表現にはシュレーディンガーのような比喩がなく，一般の人が直観的に理解するのは難しい．プリゴジンは，動きのあるパターン形成など散逸構造の出現が生命現象と多少なりとも関係があるのではないかと直観し，後述する非平衡系に出現する動的構造を，過剰エントロピー生成を伴う非線形のエネルギー散逸系の安定性と不安定性で特徴づけた．このやや難解な表現は，もう

第14章　生きているものと生きていること

少し平易に後述される．

シュレーディンガーは，理論物理学者ド・ブロイ（1892-1987）によって提出された物質波の概念に影響を受け独自に波動力学を創始した．その後，物理学者のデルブリュック（1906-1981）が提出した量子論的な遺伝子モデルに触発され，生命現象の物理的解釈に向かい1944年に「生命とは何か」を著すことになる．同時期，デルブリュックに触発された生物学者のルリア（1912-1991）は，1969年にデルブリュックらとともにノーベル生理学医学賞を受けることになる．DNAのらせん構造の解明によって1962年にノーベル生理学医学賞を受賞したワトソン，クリック，ウィルキンスは，共にシュレーディンガーの著書「生命とは何か」に影響を受けた．なかでもワトソンは，デルブリュックとルリアの弟子でもあった．デルブリュックに始まる生物の物理的理解の流れは，すべて1953年のNature誌に掲載された歴史的なDNAのらせん

ボーア（1932）
　↓
デルブリュック（1935）
　↙　　↘
ルリア（1940）　シュレーディンガー（1944）
　↓　　　　↓　　　↓
ワトソン（1953）　クリック（1953）　ウィルキンス（1953）

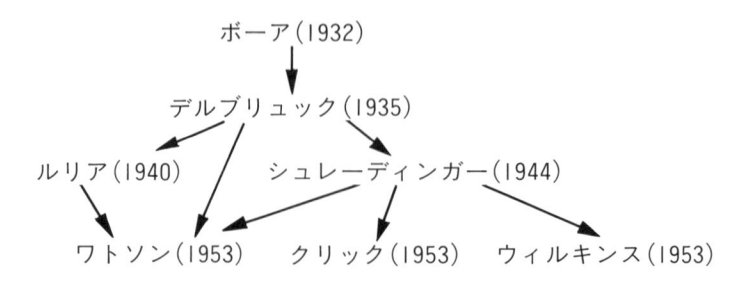

図14-2　ボーアを源流とするDNAのらせん構造解明への思想的流れ（写真はRosental：ニールス・ボーア（1970）p.24写真より）[5]．ワトソンとクリックの論文（Nature, April 25, 1953, p.737-738）とウィルキンス他の論文（Nature, April 25, 1953, p.738-740）はNature誌に同時掲載された．

14.3 シュレーディンガーからプリゴジンへ

構造の解明に向かっていたことになる（図14-2）．しかし，そのデルブリュックには，1932年の夏コペンハーゲンで行われた光治療の国際会議で"光と生命"と題したニールス・ボーアの講演に深い感銘を受けたのを機に，物理的生命像の構築へ向かうという経緯があった．ボーアはシュレーディンガーと並ぶ量子力学の父と呼ばれるが，どちらも物質世界と同時に生命や精神現象に強い興味を抱いていた．いずれにせよ，量子力学の完成に尽力した二人の理論物理学者が，今日の分子遺伝学と遺伝子工学の基礎となったDNAのらせん構造の解明に最も影響を与えたことは興味深いことである．

一方，プリゴジンは生命現象を自己組織化や秩序形成といった散逸構造と関連した言葉で表現してきた．プリゴジンは生命現象を非平衡系の熱力学で表現してきたが，その最初の記述は，熱力学的に不利な肝臓における尿素の合成反応を熱力学カップリングと呼び，それを生きている系の本質的特徴であるとした点に見ることができる．その記述は，シュレーディンガーの著書「生命とは何か」と同じ1944年に出版された著書「化学熱力学」に見ることができる．尿素はアンモニアNH_3と二酸化炭素CO_2とから合成されるが，この反応は自由エネルギーの上り坂反応であり自発的には進行しない．この反応の進行を可能にしているのは，合成酵素を介したアデノシン三リン酸（adenosine triphosphate, ATP）の加水分解反応，さらに続く4段階の酵素反応である．これを尿素回路と呼ぶ（図14-3）．単純には，ATPの加水分解反応の自由エネルギーを利用して尿素の合成反応を進めている．この熱力学カップリングと呼ばれる現象は，多くの生体内反応の特徴であることが知られている．現代的なセンスでは，単に自由エネルギー収支を見るだけではなく各段階の素反応のほとんどに酵素が関わっていることを認識する点と，その反応機構の連鎖に対して情報伝達という言葉が使われることである．このようにして，生命現象も化学エネルギーや化学反応といった物理化学現象に帰せられることが強調される．さらに非平衡系に現れる散逸構造についてのプリゴジンの考えは以下のようである．

非平衡系は熱流や拡散流に伴う**エネルギー散逸（エントロピー生成）**を伴うが，その輸送現象が外部からの揺乱（摂動ともいう）に対して安定で輸送方程

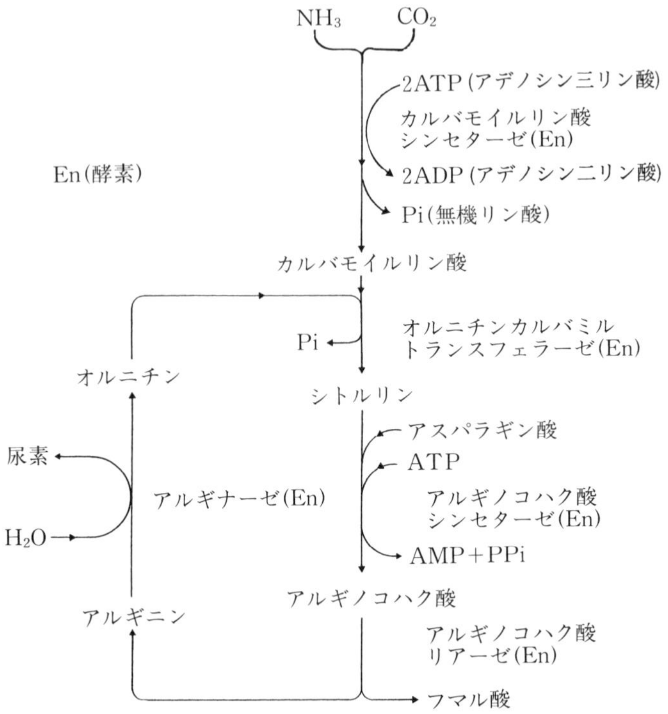

182　第 14 章　生きているものと生きていること

```
                    NH₃   CO₂
                     └─┬─┘
                       │──→ 2ATP (アデノシン三リン酸)
                       │      カルバモイルリン酸
                       │      シンセターゼ(En)
    En(酵素)           │←── 2ADP (アデノシン二リン酸)
                       │←── Pi(無機リン酸)
                    カルバモイルリン酸
            ┌──────────┤
            │       Pi ←── オルニチンカルバミル
            │                トランスフェラーゼ(En)
     オルニチン     シトルリン
                       │←── アスパラギン酸
    尿素 ←┐            │←── ATP
          │アルギナーゼ(En)   アルギノコハク酸
    H₂O ──┘            │       シンセターゼ(En)
                       │──→ AMP+PPi
                   アルギノコハク酸
     アルギニン        │←── アルギノコハク酸
            └──────────┤       リアーゼ(En)
                       │──→ フマル酸
```

図 14-3　アンモニアと二酸化炭素から尿素が合成される尿素回路．En は酵素（理科年表（2005）p. 976 より）[7]．

式の形も変わらないとき，その非平衡系は安定であるという．この安定性は，エントロピー生成速度が最小の状態として特徴づけられる．これは，安定な平衡系は自由エネルギーが最小の状態で特徴づけられるという極値原理（安定な状態では，ポテンシャル関数の一次微分がゼロで二次微分が正値をとるという要請）と論理的には同じものである．プリゴジンは，平衡系でも非平衡系でもその安定性を極値原理で記述した．非平衡であるが空間的に均一な系の**非平衡**の度合い（温度差や濃度差）を増し，空間パターン（図 14-4）が自発的に現れてくるような場合，空間的に均一な系の安定性は破られ系は不安定化したという．この不安定化によって，空間パターンを伴うような予期しなかった新た

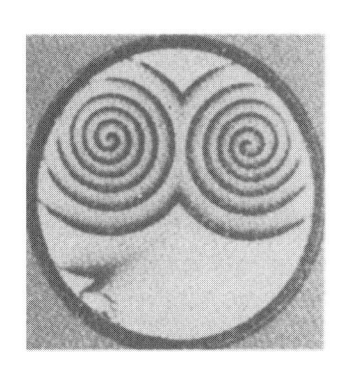

14.3 シュレーディンガーからプリゴジンへ

図 14-4 非線形非平衡系に現れる動的パターン．ベルーソフ-ジャボチンスキー反応（左）（Prigogine：存在から発展へ（1984）p. 202 より）[12)] と雲のロール状対流パターン（右）．

なエントロピー生成の機構が生まれることがある．この機構は系に内在する非線形性に由来し，その非線形性のために系内には空間パターンの形成に導く芽が揺らぎの一成分として生まれるのである．この芽は，最初は安定性を脅かすほどには大きくないが，非平衡の度合いが高まるとともに系を不安定化に導くほど大きくなり，ついに系は空間的に均一な状態からパターン形成を伴う不均一な新しい状態へ移行してゆく．この新しい状態には，それまでなかったエネルギー散逸の機構が出現することが特徴であり，それを散逸構造と呼んだ．プリゴジンは，生物の発生・分化などに特有な形態形成の問題や社会性生物の進化・発展の可能性を，散逸構造の出現というイメージでとらえ実証しようとしていたのである．興味深いことに，全体の現象から直観的に洞察してゆくといったプリゴジンの独特の考え方は，デカルト流の要素還元主義から離れ，ベルグソンの著書「創造的進化」に影響されてのことである．すなわち，生物は単なる精巧な機械ではなく，昆虫でさえも未来の発展性を備えた非決定論な存在であると考えていたのである．ここには進化や変化の可能性が常に残されている．

　プリゴジンが提出した散逸構造の概念は，物理学と化学の世界における振動現象やパターン形成の解明の牽引役となったが，それが自己組織化というキーワードをもって生命の理解にまで拡張できるかどうか，いまだに判然としな

184　第14章　生きているものと生きていること

い．動きのある系のパターン形成の典型例としてベルーソフ-ジャボチンスキー反応と対流現象があり，それらを図14-4に示す．プリゴジン自身はその著書の中で，散逸構造の概念を細胞の分化や形態形成そして進化や生態学にまで拡張し，生命の熱力学的理解に意欲的であったが，かつてのシュレーディンガーの著書に比べれば難解で抽象的な内容を含むため，シュレーディンガーの著書にうまく触発されたワトソンやクリック等に相当する後継者が十分な成果を上げているとはいい難い．しかし，その後に出版された普及書の中では，一般の人にも理解しやすい，生命を理解するキーワードとして**"自己触媒"**と**"非平衡"**を挙げている．前者は生物の特徴である自己増殖や自発性と関連し，後者は単なる物体を生物に変えるための生命の源泉であるように見える．

　シュレーディンガーとプリゴジンに共通する生命に関するキーワードは"非平衡"である．シュレーディンガーの生物に対する"負のエントロピーを食べて生きている"という比喩は，プリゴジンの言葉に直せば"非平衡状態（非平衡の意味でエントロピーの小さな状態）をつくりだし維持している"となる．この表現は，現代の生物学では常識である．すなわち，生物の感覚器官の機能を正常に保つには，神経細胞膜の内外のイオン濃度の勾配（膜電位）を維持しなければならない．この非平衡状態は，タンパク質の働きによって細胞膜を介したイオンのポンプアップによって維持されている．タンパク質はポンプアップのためのエンジンとして働き，その駆動燃料はATPである．生きているタ

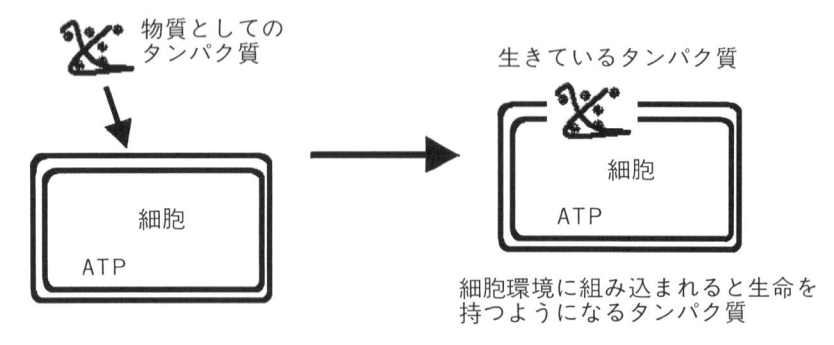

図14-5　死んでいるタンパク質と生きているタンパク質の違いは，細胞環境に組み込まれ物質的・エネルギー的に相互作用があるかないかである．

ンパク質と死んだタンパク質の違いは，単純にはタンパク質がATPの加水分解反応の機構のなかに組み込まれ，エネルギー的に共役しているか否かだけである（図14-5）．エネルギー的な共役とは，自発的に進むATPの加水分解反応の分子機構が，自発的には進まないタンパク質の構造変化のための仕事に直接的に組み込まれていることを意味する．言い換えると，死んだタンパク質とは，単なる結晶あるいは試薬瓶に入った化学物質のことであり，生きているタンパク質とは生体中の適切な場所に置かれて周囲と相互作用し，物質的あるいはエネルギー的なやりとりをしているもののことである．この相互作用またはエネルギー共役は，タンパク質が生命の諸相を現す重要な要件である．

14.4 生物学の法則

　化学や物理学における法則は経験と論理と歴史に裏打ちされてきたが，法則には適用限界はあっても例外があってはならない．生物学においてもDNAやタンパク質のような物質のレベルでは法則と呼べるものがある．以下の3法則は，DNAの二重らせん構造が提出された1950年代以降に急速に発展した**分子生物学**の成果であり，近藤宗平博士によって「生命を考える」のなかで述べられたものである．
　　第一法則：自己複製する遺伝情報はDNAに含まれる．
　　第二法則：DNAのコドンはタンパク質のアミノ酸に翻訳されるが逆
　　　　　　　は起こらない．
　　第三法則：遺伝情報の発現（複製，転写，翻訳）は制御調節される．
　以上は生物を構成する高分子であるDNAとタンパク質についての特性である．これらの個々の内容は生命現象の一側面といえようが，生物の生きていることを直観させる内容は含まれていない．ここでシュレーディンガーとプリゴジンの直観に従えば，生物の第四法則として熱力学第二法則に準じる表現を考えてもよい．彼らに共通するキーワード"非平衡"を使えば，**生命現象は"仕事によって生体内で非平衡状態をつくりだす過程"**ということができよう．タンパク質はしばしば働く分子エンジンに例えられるが，生体膜におけるイオン

の**能動輸送**を担うタンパク質や筋収縮を担うタンパク質はまさに仕事をしている．これらの仕事によって，生きている状態（非平衡状態）が保たれているといっても過言ではない．これは，プロトンH^+の濃度勾配によって生じるプロトン輸送が，ATP合成酵素と共役してATPを合成することを主張したピーター・ミッチェル（1920-1992）の化学浸透圧説の一般的な表現でもある．化学浸透圧説はまた化学共役説ともいわれる．すなわち，生物の特徴をタンパク質の機能と関連づけると第四法則は次のように表現することができよう．

第四法則：働くタンパク質は他の自発的過程と共役して仕事を成し，
非平衡状態をつくりだしている．

生物の第四法則は，熱力学的には複数の生体内過程間での自由エネルギー変換の関係を表している．すなわち，自由エネルギーの減少する自発的過程は，別の過程と共役して自由エネルギーを増加させる．この関係に具体性をもたせるためには詳細な反応機構が要求される．タンパク質の動的挙動は，その共役機構を支配する最も重要な知識である．こうして，生物を生物らしくし，生命という現象を生みだしている直接的な物質の正体はタンパク質であることになる．DNAは遺伝情報の保存を担っている物質であり，細胞中の核内で固く護られている．一方で，タンパク質は発現生成した後，ある時間だけ仕事をして分解してゆくといった，生物の一生と同様の過程を辿る．人間に例えれば，個々のタンパク質の一生は個々の人間の一生とよく似ている．飛躍かもしれないが，タンパク質の世代交代がうまく運んでいる間は一個の人間の寿命も維持されると考えられるように，個々の人間の世代交代がうまく進んでいる間はその社会も維持され得る可能性があるといえよう．

参 考 文 献

全般に関する参考書
1. Jeremy M. Berg 他著, 入村達郎 他監訳：ストライヤー生化学 第5版, 東京化学同人 (2004).
2. Donald Voet 他著, 田宮信雄 他訳：ヴォート生化学(上)(下), 東京化学同人 (1992).
3. Bruce Alberts 他著, 中村桂子 他監訳：細胞の分子生物学 第3版, Newton Press (1995).
4. 柳田充弘 他編：分子生物学, 東京化学同人 (1999).
5. 八杉龍一 他編：岩波 生物学辞典 第4版, 岩波書店 (1996).
6. 長倉三郎 他編：岩波 理化学辞典 第5版, 岩波書店 (1998).
7. 今堀和友 他監修：生化学辞典 第2版, 東京化学同人 (1990).
8. 大木道則 他編：化学辞典, 東京化学同人 (1994).

第1章
1. James D. Watson 他著, 青木 薫 訳：DNA, 講談社 (2003).
2. Steven Weinberg 著, 本間三郎 訳：電子と原子核の発見, 日経サイエンス (1986).
3. 小山慶太 著：異貌の科学者, 丸善 (1991).
4. J. G. Crowther 著：The Cavendish Laboratory 1874-1974, Macmillan (1974).
5. 中瀬古六郎 著：世界化学史, カニヤ書店 (大正13年).
6. George P. Thomson 著, 伏見康治 訳：J. J. トムソン, 河出書房 (1969).
7. Michael A. Grayson 編：Measuring MASS, Chemical Heritage Press (2002).
8. Marcel Florkin 他編：A History of Biochemistry, Elsevier (1972).

第2章
1. 石津純一 他編：図解 生物学データブック，丸善（1986）．
2. 小椋　光 他編：細胞における蛋白質の一生，共立出版（2004）．

第4章
1. 国立天文台 編：理科年表 第78冊，丸善（2005）．
2. 川上紳一 著：生命と地球の共進化，日本放送出版協会（2000）．
3. 北野　康 著：地球環境の化学，裳華房（1984）．
4. International Human Genome Sequencing Consortium: Nature, 409 (2001) 860.

第5章
1. 今中忠行 監修：ゲノミクス・プロテオミクスの新展開，エヌ・ティー・エス（2004）．

第6章
1. Robert W. Hay 著，太田次郎 他訳：生体無機化学，オーム社（1986）．
2. 国立天文台 編：理科年表 第78冊，丸善（2005）．

第7章
1. John C. Kendrew 著，和田昭允 他訳：生命の糸，みすず書房（1968）．
2. 佐藤　衛 著：タンパク質のX線解析，共立出版（1998）．
3. Max Perutz 著，黒田玲子訳：タンパク質，東京化学同人（1995）．
4. 柳田充弘 他編：分子生物学，東京化学同人（1999）．

第9章
1. 赤坂一之 編：タンパク質研究の最前線，さんえい出版（1991）．
2. R. H. Pain 編，崎山文夫 監訳：タンパク質のフォールディング 第2版，シュプリンガー・フェアラーク東京（2002）．

第11章
1. J. T. Edsall 他著，高橋克忠 他訳：生化熱力学の基礎，啓学出版（1984）．
2. 高柳一成 編：薬物受容体の基礎，薬業時報社（1994）．

3. 宇井理生 編：受容体と情報伝達，東京化学同人（1985）．

第12章

1. G. E. Schulz 他著，大井瀧夫 監訳：タンパク質―構造・機能・進化―，化学同人（1980）．
2. 濱口浩三 著：改訂 蛋白質機能の分子論，学会出版センター（1990）．

第13章

1. 丹羽利充 編：ポストゲノム・マススペクトロメトリー，化学同人（2003）．
2. 鈴木紘一 監修：プロテオミクス，東京化学同人（2002）．

第14章

1. Alain 著，桑原武夫 他訳：デカルト，みすず書房（1971）．
2. 澤瀉久敬 編：ベルクソン，中央公論新社（1979）．
3. Wilder Penfield 著，塚田裕三 他訳：脳と心の正体，法政大学出版局（1987）．
4. 渡辺政隆 著：DNA の謎に挑む，朝日選書（1998）．
5. Stefan Rozental 編，豊田利幸 訳：ニールス・ボーア，岩波書店（1970）．
6. Erwin Schroedinger 著，岡 小天 他訳：生命とは何か，岩波新書（1975）．
7. 国立天文台 編：理科年表 第78冊，丸善（2005）．
8. Ilya Prigogine 他著，妹尾 学訳：化学熱力学1，みすず書房（1966）．
9. P. Glansdorff・I. Prigogine 著，松本 元 他訳：構造・安定性・ゆらぎ，みすず書房（1977）．
10. G. Nicolis 他著，小畠陽之助 他訳：散逸構造，岩波書店（1980）．
11. Ilya Prigogine 他著，伏見康治 他訳：混沌からの秩序，みすず書房（1987）．
12. Ilya Prigogine 著，小出昭一郎 他訳：存在から発展へ，みすず書房（1984）．
13. 現代思想，特集＝プリゴジーヌ，青土社（1986）．
14. 近藤宗平 著：生命を考える，岩波書店（1982）．

人名索引

あ (あ, う, え)
アンフィンゼン……………………117
ウィルキンス, マーク………………2
ウィルキンス, モーリス…………3, 180
エルンスト……………………………84

か (か, き, く, け, こ)
カラス, マイケル……………………10
キャベンディッシュ, ジョージ………4
キャベンディッシュ, ヘンリー………4
クリック, フランシス………3, 6, 57, 176
ケンドルー, ジョン……………3, 6, 80
近藤宗平……………………………185

さ (さ, し)
サムナー………………………………80
サンダー………………………………84
シュレーディンガー, エルウィン…179

た (た, て, と)
田中耕一…………………………6, 10
デカルト, ルネ……………………176
デボンシャー公爵……………………4
デルブリュック……………………180
ド・ブロイ…………………………180
トムソン, ジョセフ・ジョン (J. J.)
………………………………………4, 7

な (に)
ニレンバーグ, マーシャル…………60

は (は, ひ, ふ, へ, ほ)
パーセル………………………………84
バナール………………………………80
ビュートリッヒ………………………84
ヒレンカンプ, フランツ……………10
フェン, ジョン…………………6, 10
ブラッグ, ウィリアム・ヘンリー……6
ブラッグ, ウィリアム・ローレンス…6
ブラッグ父子…………………………7
プリゴジン, イリヤ………………178
ブロッホ………………………………84
ベルグソン, アンリ………………177
ペルツ, マックス………………3, 6, 80
ベルツェリウス, ジョン・ヤコブ……12
ペンフィールド, ワイルダー………177
ボーア, ニールス…………………176

ま (ま, み)
マックスウェル, ジェームス…………4
ミッチェル, ピーター……………186
ミュルダー, ゲルハルダス・ヨハネス
…………………………………………11

や (や)
山下雅道……………………………10

ら (ら, る, れ, ろ)
ラウエ, マックス・フォン……………7
ラザフォード, アーネスト……………8
ルリア………………………………180
レントゲン, ウィルヘルム・コンラッド
…………………………………………7
ロード・レイリー卿…………………4

わ (わ)
ワトソン, ジェームス…………3, 7, 176

用語解説および事項索引

欧字先頭項目

ADP ···27
αアミノ酸 ··141
αアミノ基 ··70
αカルボキシル基 ··70
αヘリックス(alpha helix) ······················21, 94, 103, 105, 121, 123, 139
  タンパク質の二次構造の一つ．分子内水素結合によって形成され，らせん状の構造をもつ．
ATP ··13, 23, 29
  アデノシン三リン酸のこと．
  ——合成酵素 ···16
  ——合成酵素系 ···25
βアミノ酸 ···141
βシート(beta sheet) ···94, 139
  タンパク質の二次構造の一つ．βストランド同士の分子内水素結合によって形成される．
β-1,4結合 ··124
β位の炭素 ··144
βストランド(beta strand) ·····························103, 121, 123, 139
  タンパク質の二次構造の一つ．βシートをつくるための構造単位．
βツイスト ···146
C_α-CO結合 ··142
C末端 ··62, 110, 121
  カルボキシル末端のこと．
Da ···74
  ダルトンと読み，生化学や生物質量分析でよく使われる質量の単位．原子質量単位uと同じ意味．同位体組成まで指定した原子や分子の質量に対して使われ，平均質量である相対分子質量には使われない．
2 D-PAGE ··76
DNA ···2, 13, 48, 128, 176
  デオキシリボ核酸のこと．
EMBL-EBI ···171
ESI ···10, 158

―― マススペクトル ································· 158
ExPASy Proteomics Server ································· 170
γ アミノ酸 ································· 141
GTP ································· 16, 23
　　グアノシン三リン酸のこと．
H^+-ATPase ································· 27
Hill 係数 ································· 137
MALDI ································· 10, 158
　　―― マススペクトル ································· 158
marginal stability ································· 141
mRNA ································· 13, 57, 128
　　メッセンジャーリボ核酸のこと．
　　―― 前駆体 ································· 61
MS/MS ································· 165
m/z ································· 6, 158
　　質量電荷比のこと．
Na^+/K^+-ATPase ································· 26
Na^+/K^+ ポンプ ································· 26
N-アセチルグルコサミン ································· 124
N-アセチルムラミン酸 ································· 124
N-C$_\alpha$ 結合 ································· 142
N 末端 ································· 62, 110, 121
　　アミノ末端のこと．
NMR ································· 79, 83, 90
　　二次元 ―― ································· 93
π ヘリックス ································· 103, 105, 123
PDB ································· 97, 121
PDB ID ································· 98
PMF ································· 10, 167
porcine pancreastain 33-49 ································· 170
ppm ································· 88
　　ピーピーエムと読み，100 万分の 1 を意味する．parts per million の略．
RNA ································· 49, 57
　　リボ核酸のこと．
　　成熟 ―― ································· 61
rRNA ································· 13
　　リボソームリボ核酸のこと．

SDS 電気泳動 ……………………………………………………………74
Th………………………………………………………………………158
    トムソンと読み，マススペクトルの横軸である質量電荷比 (m/z) の単位．
tRNA …………………………………………………………………21, 62
    トランスファーリボ核酸のこと．
    アミノアシル —— ……………………………………………64

u ………………………………………………………………………165
    原子質量単位のこと．unified atomic mass の略．

van der Waals 表示 ……………………………………………………125
    原子または分子構造をファンデルワールス半径の球を用いて表示すること．

X 線 ……………………………………………………………………79
    硬 —— …………………………………………………………80
    —— 回折 ………………………………………………………7
    —— 結晶構造解析 ……………………………………………3, 79

用語解説および事項索引

和文項目

あ

アクチン(actin) ……………………………………………………………23, 41, 114
 主として筋肉の収縮を司るタンパク質の一つ。一般の細胞にも含まれる。
アクチン・ミオシン系 ……………………………………………………………24
アゴニスト(agonist) ……………………………………………………………128
 受容体と結合して受容体の構造を変化させ、種々の生理的作用を生じさせる物質。
浅いポテンシャル ……………………………………………………………148
アセチルグルコサミン ……………………………………………………………124
アセチルムラミン酸 ……………………………………………………………124
アデニル化 ……………………………………………………………62
アデニン ……………………………………………………………31, 48
アデノシン三リン酸(adenosine triphosphate) ………………………………13, 23, 29
 正確にはアデノシン5′-三リン酸といい、ATPと略記される。アデニン(塩基)とリボース(五炭糖)および三つのリン酸からなるヌクレオチド。加水分解によって多量の自由エネルギーを放出し、筋肉を収縮させたりイオンを運んだりするエネルギー源として利用される。
アデノシン二リン酸(ADP) ………………………………………………………27
アボガドロ定数 ……………………………………………………………19
アミド平面 ……………………………………………………………142
アミノアシル tRNA ……………………………………………………………64
 —— 合成酵素 ……………………………………………………………64
アミノ酸(amino acid) ……………………………………………………62, 68, 110, 141
 分子内にアミノ基($-NH_2$)とカルボキシル基($-COOH$)の両方をもつ化合物で、特にタンパク質の構成要素である天然の20種類の α アミノ酸を指すことが多い。一般式は $H_2N-C_\alpha(R)-COOH$。
 L- —— ……………………………………………………………141
アミノ酸残基(amino acid residue) ……………………………………………74, 121
 ペプチド主鎖中の脱水アミノ酸部分のこと。一般式は $-HN-C_\alpha(R)-CO-$。
アミノ酸側鎖(amino acid side chain) ………………………………65, 70, 110, 142
 ペプチド主鎖から突出しているアミノ酸を特徴づける化学構造部分で、Rで表す。
アミノ酸の等電点 ……………………………………………………………70
アミノ酸配列(amino acid sequence) …………………………9, 60, 76, 121, 165, 167
 タンパク質の一次構造のこと。アミノ酸が並んでいる順序のこと。
 —— の情報 ……………………………………………………………165
アミノ末端(amino terminus) …………………………………………………62, 110, 121

タンパク質またはペプチドのアミノ酸配列の両端においてアミノ基(-NH$_2$)を有する端のこと，またはその端のアミノ酸残基のこと．アミノ酸配列を書くとき，アミノ末端のアミノ酸残基を1番目として左側から書く．N末端ともいう．

網目構造 ……………………………………………………………………43
アルギニン …………………………………………………………………149
アルコール水酸基 …………………………………………………………131
アンタゴニスト ……………………………………………………………130

い

イオン ………………………………………………………………………6
イオン源(ion source) ………………………………………………………158
　　　質量分析装置において有機化合物等の試料を気体状イオンにする場所．
イオン性 ……………………………………………………………………114
イオンの質量 m …………………………………………………………158
イオンのポンプアップ ……………………………………………………184
イオンポンプ ……………………………………………………27, 109, 119
イオン流 ……………………………………………………………………26
生きていること ……………………………………………………………178
生きている状態 ……………………………………………………………186
生きているもの ……………………………………………………………178
意識 …………………………………………………………………………176
一元論 ………………………………………………………………………178
一次構造 ……………………………………………………………………108
遺伝暗号 ……………………………………………………………………60
遺伝子 ………………………………………………………………………57
陰極線 ………………………………………………………………………6
インシュリンB鎖 …………………………………………………………164
インターネット ……………………………………………………………97
イントロン(intron) ………………………………………………………60
　　　DNAの塩基配列のうちタンパク質のアミノ酸配列情報をもたない(コードしない)部分．

う

ウイルス ……………………………………………………………………19

え

エキソサイトーシス ………………………………………………………15
エキソン(exon) ……………………………………………………………58
　　　DNAの塩基配列のうちタンパク質のアミノ酸配列情報をもつ(コードする)部分．

エストラジオール-17β ……………………………………………………127
エストロゲン(estrogen) ………………………………………………126
　　　生物の発情作用および類似の作用を生じさせるホルモン物質の総称．女性ホルモンの一種．
　　――受容体 …………………………………………………………16,127
エドマン分解法(Edoman method) …………………………………9,167
　　　タンパク質のN末端からのアミノ酸配列を決定する方法．エドマン法ともいう．
エネルギー共役 …………………………………………………………53,185
エネルギー散逸(energy dissipation) ……………………………………181
　　　熱力学系が非平衡状態から平衡状態へ向かうときにエントロピーを生成すること．平衡状態ではエントロピーは最大となる．
エラスチン(elastin) ……………………………………………………41,114
　　　皮膚や腱など伸展性に富んだ組織に多く存在するタンパク質．構造タンパク質の一つで弾性に富む．
エレクトロスプレーイオン化(ESI) ……………………………………10,158
塩基(base) ………………………………………………………………48,60
　　　分子生物学分野では，DNAやRNAの塩基配列の塩基を指すことが多く，プリン塩基(アデニンとグアニン)とピリミジン塩基(シトシンとチミンとウラシル)があり，遺伝暗号のコドンを構成する基本要素でもある．一般には，酸塩基反応においてプロトンを受け取る性質をもつ分子種またはイオン種を指す．
塩基性 ……………………………………………………………………67,114
　　――アミノ酸 ………………………………………………………74,115
　　――タンパク質 ………………………………………………………115
塩基配列(nucleic acid sequence) …………………………………………2,60
　　　糖とリン酸からなる繰り返し主鎖構造をもつDNAとRNAの側鎖部分にある塩基の配列順序のこと．五炭糖の5′位水酸基(5′末端)から五炭糖の3′位リン酸基(3′末端)の方向に向かって読む．
エンドサイトーシス ………………………………………………………15
エントロピー生成(entropy production) …………………………………181
　　　エネルギー散逸と同じ．現象的には熱力学系の温度差や濃度差が消失することを指す．エントロピー生成速度と同義で使われることが多い．
円二色性 ……………………………………………………………………150
円偏光二色性 ………………………………………………………………150

お

オキソニウムイオン ……………………………………………………31,126
オリゴ糖類 …………………………………………………………………52

か

開始コドン …………………………………………………………………62

回折線(diffraction pattern) ……………………………………………81, 83
 結晶試料に照射したX線が構成原子の電子によって散乱され，その散乱X線が互いに干渉を起こして特定の方向にだけ強めあってできる濃淡のあるパターン．X線結晶解析で最初に得られる実験データで回折像ともいう．
回折像 ……………………………………………………………………83
階層構造 ………………………………………………………………108
解糖系(glycolytic pathway) ……………………………………………53
 代謝経路の一つで解糖経路ともいう．グルコースからピルビン酸を合成する過程でエネルギー共役的にATPを合成する代謝反応．
解離定数(dissociation constant) ……………………………………70, 135
 熱力学平衡定数の一つ．化学物質AとBからその結合体A・Bが生じるとき，平衡状態では，AとBから結合体A・Bが生じる速度とA・Bが解離してAとBが生じる速度が等しくなる．解離定数は平衡状態における濃度比[A][B]/[A・B]で定義される．解離定数の逆数は結合定数になる．
化学シフト(chemical shift) …………………………………………83, 88
 核磁気共鳴スペクトルの横軸で，基準物質の共鳴周波数からの差 δ (ppm)を表す．同一原子核でも，その周囲の電子環境(遮蔽の程度)の違いによって共鳴周波数が僅かに異なる(シフトする)ことを指す．
化学信号 ………………………………………………………………46
化学浸透圧説 …………………………………………………………186
化学親和力(chemical affinity) …………………………………………28
 化学反応系の非平衡の尺度を表す量で，反応の駆動力ともいう．自由エネルギーを反応進行量(反応座標)で偏微分した係数で定義される．
化学熱力学 ……………………………………………………………181
化学ポテンシャル(chemical potential) …………………………………27
 化学ポテンシャルは，自由エネルギー G をモル数 N で偏微分した係数として定義され，温度や圧力や濃度のような示強性(intensive)の量で，μ で表される．自由エネルギーは体積やモル数と同様，足し合わせが可能な示量性(extensive)の量．
核(nucleus) …………………………………………………………16, 58
 生物学では細胞核とも呼ばれ，真核細胞のなかにあって核膜で覆われた球状の構造をもつ．核の内部にはDNAを含む染色体，核小体，核液(核質)が含まれている．遺伝情報を保護する重要な役目をもつ．
核オーバーハウザー効果(nuclear Overhauser effect) ……………………93
 核磁気共鳴分光法(NMR)において，近接した原子核間の磁気的相互作用の一つ．特定の核への共鳴周波数のパルスを照射すると，主として5Å以下に近接して存在する別の原子核にも磁化が伝搬する現象のこと．単にNOEともいう．NOEを利用すると原子核間の距離情報が得られる．
核酸(nucleic acid) ………………………………………………………58
 DNAとRNAによって代表され，塩基，五炭糖，リン酸からなる物質．

核磁気共鳴現象 ……………………………………………………………87
核磁気共鳴(NMR)法 ……………………………………………79,83,93
核磁気モーメント …………………………………………………………84
核質(karyoplasm) …………………………………………………………18
　　細胞核の内容物のうち染色体と核小体以外の液状基質の総称．核原形質ともいう．
核小体(nucleolus) …………………………………………………………14
　　細胞核のなかにある小体で，リボソーム RNA を合成する機能をもつ．
核スピン角運動量 …………………………………………………………84
核スピン量子数 ……………………………………………………………84
加水分解 ………………………………………………………………… 124
活動電位 ……………………………………………………………………26
カリウムイオン ……………………………………………………………25
カルボキシル末端(carboxyl terminus) ……………………… 62,110,121
　　タンパク質またはペプチドのアミノ酸配列の両端においてカルボキシル基（–COOH）を有する端のこと，またはその端のアミノ酸残基のこと．アミノ酸配列を書くとき，カルボキシル末端のアミノ酸残基は最終番目となり右端に書かれる．C 末端ともいう．
カルボキシラートイオン ……………………………………………… 126
カルボニックアンヒドラーゼ ………………………………………… 146
カルボニル二重結合 ………………………………………………………81
カルボニル発色団 ……………………………………………………… 151
感覚受容器 …………………………………………………………………23
環境汚染物質 …………………………………………………………… 107
環境認識センサー …………………………………………………………23
環境ホルモン …………………………………………………………… 107
干渉効果 ……………………………………………………………………81

き

機械的身体 ……………………………………………………………… 176
基質(substrate) ………………………………………………………… 125
　　各種触媒能をもつ酵素と結合し，酸化・還元・加水分解などの反応や作用を受ける分子などを指す．
基準周波数 …………………………………………………………………88
気体状イオン …………………………………………………………… 156
気体放電 ……………………………………………………………………6
キチン …………………………………………………………………… 124
キネシン ……………………………………………………………………23
キモトリプシン ………………………………………………………… 171

和文項目　　201

逆転写酵素 ………………………………………………………57
キャベンディッシュ研究所 ………………………………………3
吸光度(absorbance) ……………………………………………150
　　ある波長の光を試料物質に透過させ，透過光の強度に対する入射光の強度の対
　　数を吸光度という．試料物質が入射光を吸収すればするほど透過光の強度は弱
　　くなり，吸光度は大きくなる．同じ物質でも光の波長によって吸光度は違う．
　――度の差 ………………………………………………………151
協同効果 …………………………………………………………137
共鳴構造 ………………………………………………………81,142
共鳴周波数 …………………………………………………………83
共役(coupling) ………………………………………………32,186
　　エネルギー共役ともいう．自由エネルギーの増減を伴う複数の過程があるとき，
　　各過程が独立に進むのではなく，自由エネルギーの減少する過程で放出された
　　エネルギーを利用して別の過程が進むとき，それらの過程はエネルギー的に共
　　役しているという．生体内では，ATPの加水分解反応で放出される自由エネル
　　ギーを利用して，筋収縮や能動輸送などのエネルギー利用過程が進行する．
　――過程 …………………………………………………………32
協力現象(cooperative phenomenon) …………………………178
　　協同現象ともいう．原子や分子の相互作用の結果として生じる巨視的現象で，
　　固体が融解したり気体が凝縮したりする相転移は典型的な協力現象．超伝導，
　　超流動，レーザー，対流なども協力現象として取り扱われる．
極値原理 …………………………………………………………182
キラル分子(chiral molecule) …………………………………141
　　実像と鏡像が重ならない立体的性質をもった分子のこと．
銀イオン ……………………………………………………………76
筋原繊維(myofibril) ………………………………………………41
　　筋肉を構成するタンパク質であるミオシンとアクチンの束で円筒状の繊維構造
　　をもつ．
筋収縮 ……………………………………………………………186
金属イオン …………………………………………………………31
筋肉 …………………………………………………………………39
　――収縮 …………………………………………………41,109

く

グアニジウム ……………………………………………………149
グアニジノ基 ……………………………………………………149
グアノシン三リン酸(guanosine triphosphate) ……………16,23
　　正確にはグアノシン5′-三リン酸といい，GTPと略記される．グアニン(塩基)
　　とリボース(五炭糖)および三つのリン酸からなるヌクレオチド．加水分解によ
　　って多量の自由エネルギーを放出する．

空孔 ··· 94
クーマシーブリリアントブルー ·· 76
クーロン爆発 ··· 162
グリコゲン(glycogen) ··· 52
  グルコースからなる多糖で動物細胞に顆粒状に貯蔵されている．解糖系を通じてATP合成などのエネルギー源として利用される．
グリコシル化(glycosidation) ··· 65
  翻訳後修飾の一つ．タンパク質が翻訳合成された後に糖鎖がタンパク質中のアミノ酸であるセリンやトレオニンの水酸基の酸素原子と結合する反応．
グルカゴン ·· 21, 94
グルコース(glucose) ··· 53
  蜂蜜や果汁など天然に多量に存在する単糖でブドウ糖ともいう．光学活性を示し，天然型のD-グルコースと非天然型のL-グルコースがある．
クロマチン(chromatin) ·· 49
  染色質のこと．DNAとヒストン(塩基性タンパク質)の複合体を主成分とする集合体で塩基性色素に染まる．

け

蛍光顕微鏡 ·· 76
蛍光色素 ·· 76
結合解析法 ··· 136
結合組織 ·· 38, 41
結合定数 ··· 135
結晶構造 ·· 93
血清アルブミン(serum albumin) ··· 19
  血液から血球を除いた透明淡黄色の血漿中の主成分タンパク質．やや酸性で水溶性を示し，血中に入り込んだ難溶性の脂肪酸や薬剤を結合して運搬する機能をもつ．
ゲノム(genome) ·· 57
  ある生物の一生に関わる遺伝子の総体(セット)をその生物のゲノムという．ある生物を機能させるのに必要な染色体の総体ということもある．
 ——研究 ·· 2
ケラチン(keratin) ··· 114
  表皮，爪，毛髪などの表皮を構成する不溶性のタンパク質成分．外界からの保護の機能をもつ．
原核生物(prokaryote) ··· 48
  核膜をもたない単細胞生物のことで細菌やラン藻がこれに含まれる．DNAは裸のままで細胞中に存在する．
原子イオン ·· 36
原子質量単位 ·· 165

和文項目　203

原始生物 ……………………………………………………………………36
原始地球表面 ………………………………………………………………36

こ

硬X線 ………………………………………………………………………80
光学活性(optical activity) ……………………………………………141, 150
　　　直線偏光が媒質を通過し偏光面が回転するとき，その媒質は光学活性をもつという．偏光面が回転することを旋光性という．
抗原抗体相互作用(antigen-antibody interaction) ……………………………76
　　　抗原は一種の刺激物質であり，それが体内に入ったときに抗体を生み出し，かつ抗原は抗体と特異的に相互作用する．これを抗原抗体相互作用という．
膠原繊維 ……………………………………………………………………39
光合成 ………………………………………………………………………36
酵素 …………………………………………………………………………119
酵素活性(enzyme activity) ………………………………………………117
　　　タンパク質が生み出す触媒活性のことで，生体内の化学反応のほとんどが酵素によって触媒される酵素反応である．多くの場合，反応の活性化エネルギーを低下させ反応をスムースに進行させる．
酵素消化(enzymatic digestion) …………………………………………9, 164
　　　消化は，動物が摂取した餌物質を吸収利用が可能な形態まで変化させる生理作用であり，そうした作用を酵素が行うことをいう．通常は，加水分解能をもつ酵素がタンパク質をペプチドやアミノ酸に加水分解することを指す．
構造生物学(structural biology) ……………………………………………3
　　　核酸やタンパク質などの構造をX線やNMRなどで決定し，その生物学的な機能や意味と関連づけて研究する分野．研究手法には主として生物物理学や計算機科学が使われる．
構造揺らぎ …………………………………………………………………148
抗体(antibody) ………………………………………………………………76
　　　抗原刺激の結果，免疫反応によって生体内に生み出され抗原と特異的に結合するタンパク質．
　　——タンパク質 ………………………………………………………76
コード ………………………………………………………………………58
固体NMR(solid state nuclear magnetic resonance) ………………………150
　　　固体試料の構造解析に使われる核磁気共鳴分光法．液体試料と同様の分解能を得るために，試料を外部静磁場に対してある角度(マジック角と呼ぶ)だけ傾け，さらに高速で回転させて測定することが特徴．
コドン(codon) ………………………………………………………………60
　　　DNAからタンパク質への遺伝情報を司る遺伝暗号のこと．一つのアミノ酸は三種類の核酸塩基配列で表現され，その塩基配列をコドンという．
　　開始—— …………………………………………………………………62

コラーゲン(collagen) ··38, 41, 114
　動物の結合組織を構成する主要タンパク質成分で，皮膚，骨，腱，内臓を支える各種膜などに存在する．三重らせん構造と強靱な性質をもつ．
孤立残基 ···103, 123
孤立電子対(lone electron-pair) ···151
　非共有電子対または非結合電子対ともいう．同一の原子軌道内で，原子間の化学結合に直接関与しない電子対のこと．酸素では二対の孤立電子対が，窒素では一対の孤立電子対がある．
ゴルジ体(Golgi body) ··14
　真核細胞のなかにある細胞小器官のこと．扁平な袋状の槽が層状に重なった構造をしていて，タンパク質を修飾したり糖脂質を合成したりする機能をもつ．
昆虫フェロモン ···46

さ

歳差運動 ··85
細胞(cell) ··13, 42
　生物の構造と機能を持ち合わせた最小単位で細胞膜によって囲まれている．細胞は核をもち生命現象の基本的な過程がこの中で進む．原核生物と真核生物の違いに応じて，細胞も原核細胞と真核細胞に大別される．
細胞質(cytoplasm) ···16, 43, 128
　細胞を構成する全体のうち核質以外の部分を指す．
細胞小器官 ··43
細胞膜 ···42
サブスタンス P ··165
散逸構造 ···179
酸化的リン酸化(oxidative phosphorylation) ··16
　自由エネルギーの減少を伴う酸化反応(電子を放出する反応)と共役して，無機リン酸 Pi とアデノシン二リン酸 ADP からアデノシン三リン酸 ATP と水 H_2O が合成される生体内反応．Pi と ADP から ATP と H_2O が生成する反応は自由エネルギーの上り坂で，自発的には進まない．
三次構造 ···21, 108
酸性 ···67, 114
　── アミノ酸 ···73, 115
　── タンパク質 ···115
3_{10} ヘリックス ··103, 123
3_{14} ヘリックス ···105
3.6_{13} ヘリックス ···105

し

シアン化水素 ···36

シート ……………………………………………………………………………112
　　　── 構造 ……………………………………………………………145
磁気回転比 ……………………………………………………………………84
軸策（axon）……………………………………………………………………25
　　　神経細胞から伸びる出力性の突起で神経細胞に1本ある．核のある神経細胞中心部から軸策終末の樹状突起に向けて軸策中を神経伝達物質などが輸送される．
自己触媒（autocatalysis）……………………………………………………184
　　　ある反応において，反応生成物自身がその反応の触媒となり反応を進めやすくするとき，その反応生成物を自己触媒という．そのような反応を自己触媒反応という．
自己組織化 ………………………………………………………………43, 181
仕事過程 ……………………………………………………………………32
自己複製 ……………………………………………………………………48
脂質（lipid）………………………………………………………………18, 43
　　　生体成分のなかでも水に溶けにくく極性官能基（水酸基やアミノ基）の比較的少ない分子の総称．ベンゼンやクロロホルムなどの非極性溶媒によく溶ける．脂肪酸，ロウ脂質，複合脂質，ステロイド，イソプレノイドなどがあげられる．生体膜の主成分でもある．
脂質二重層（lipid bilayer）………………………………………………18, 43
　　　脂質二分子膜（bimolecular lipid membrane）ともいう．生体膜を形づくる二重構造をもったリン脂質二重層が代表的．単層としては非極性の脂溶性部分と極性の親水性部分からなる脂質分子が同方向を向いて集まって層状構造を成し，脂溶性部分を内側にして二重構造を形成する．
脂質分子 ……………………………………………………………………43
ジスルフィド結合（disulfide bond）……………………………74, 101, 117
　　　翻訳後修飾の一つ．アミノ酸の一つであるシステインの側鎖-CH_2-SHのチオール基-SHが，別のシステインのチオール基と酸化反応（水素H_2の脱離）することによって共有結合-S-S-を形成したもの．
ジスルフィド結合の切断 …………………………………………………69
　　　タンパク質の立体構造を強固にしているジスルフィド結合-S-S-を還元してチオール-SH HS-にすること．
シックハウス症候群 ………………………………………………………107
質量電荷比（m/z）………………………………………………………6, 158
　　　イオンの質量mを電荷数zで割った量で，マススペクトルの横軸を表す．
質量分析（mass spectrometry）……………………………………………2, 156
　　　原子，分子，クラスターなどを気体状のイオンにして，その質量電荷比（イオンの質量mと電荷数zの比，m/z）を計測する機器分析法．
質量分析イオン化法 ………………………………………………………11
質量分析情報（mass spectrometric information）……………………156, 167
　　　質量分析によって得られる気体状イオンの質量電荷比（m/z）の値．質量電荷比

の値は，気体状イオンになった試料とその科学的背景に応じた情報をもつ．
質量分離装置 ··· 157
質量分離部（mass analyzer）··· 158
　　質量分析の装置のうち，気体状イオンをつくり出す部分をイオン源，そのイオンを質量電荷比に応じて分離分析する部分を質量分離部といい様々な原理のものがある．
シトクロム（cytochrome）·· 29
　　チトクロムともいう．ポルフィリンと鉄の配位化合物であるヘムを含むタンパク質で，酸化還元の機能をもつ．
　　―― c ··· 29
　　―― P-450 ··· 29
シナプス間隙 ··· 46
自発的過程 ··· 32
遮蔽定数 ··· 88
シャルガフの法則（Chargaff law）·· 176
　　DNAを構成する塩基であるアデニンとチミンの含量およびグアニンとシトシンの含量が等しいこと．生化学者エルウィン・シャルガフが発見した．
主イオン ·· 164
自由エネルギー（free energy）·· 16, 23, 118
　　自由エネルギーは巨視的変化の方向性を与える熱力学関数で，自発的に進む可能性のある変化ではその値は減少し，それ以上変化の起こらない安定な平衡状態では最小値をとる．通常は，定温・定圧の条件で定義されるギブス自由エネルギー G が使われる．
　　―― 変換 ··· 186
臭化シアン ··· 171
受容体（receptor）·· 46, 113, 119
　　細胞膜や核内に存在するタンパク質のうち，ホルモンや神経伝達物質，薬物などの細胞外からやってくる物質（刺激）と特異的に結合し，各種生理活性の伝達の引き金となるシグナル（応答）を発するタンパク質．
　　―― タンパク質 ·· 135
脂溶性 ··· 43
小胞体（endoplasmic reticulum）·· 16
　　細胞中で核を多重に取り囲むように存在する膜系で袋状になっているもの．小胞体の膜も脂質（主としてリン脂質）から成り，その機能はリン脂質の合成やタンパク質やグリコゲンの糖化，および翻訳合成されたタンパク質の一時貯蔵などと多様である．
情報の流れ ··· 13
漿膜（chorion または tunica serosa）·· 41
　　脊椎動物では消化管や内臓の周囲または外表面を覆っている強靱な薄膜．例えば胃では，食物が通過する内表面側でなく体表側に接し胃の形状を維持してい

る外表の膜．漿膜は消化管や内臓の位置を固定するのに役立っている．
初期フィッティング ……………………………………………………………120
女性ホルモン ……………………………………………………………………126
真核生物(eukaryote) ……………………………………………………………48
 細胞中に核膜に包まれた核をもつ真核細胞からできている生物．
神経細胞(nerve cell) ……………………………………………………………25
 ニューロンともいう．神経系の基本単位であり通常の細胞と同様に核をもつ．神経細胞の形態は様々だが，核をもつ細胞本体から樹状の突起および物質や電気信号を送り出す軸策が伸びた共通の構造をもつ．神経細胞と神経細胞はシナプスで結合していてその間は神経伝達物質が刺激(信号)を伝えている．
神経伝達物質(neurotransmitter) ……………………………………………46, 94
 神経細胞と神経細胞の結合部分のシナプスの間隙を移動して刺激(信号)を伝える物質．信号の伝搬には方向性があり，神経伝達物質を放出する側の神経細胞膜をシナプス前膜，受け取る側の細胞膜をシナプス後膜という．
親水性 ……………………………………………………………………43, 67, 114

す

水圏 ………………………………………………………………………………36
水素イオン濃度 …………………………………………………………………71
水素結合ターン …………………………………………………………103, 123
水素原子核間の NOE ……………………………………………………………93
スキャッチャードプロット法 …………………………………………………137
スピン磁気量子数 ………………………………………………………………85
スプライシング(splicing) …………………………………………13, 60, 156
 DNA から RNA への転写後に，RNA 中のイントロン部分が除去されエキソン同士が連結する組み替え反応のこと．
スポンギン(spongin) ………………………………………………………38, 114
 海綿類などの骨格繊維を構成するタンパク質で，高い弾性をもつ．

せ

成熟 RNA …………………………………………………………………………61
成熟タンパク質(matured protein) ……………………………………………65
 翻訳後修飾を受けて生体内で機能しているタンパク質．
精神現象 …………………………………………………………………………181
生成イオン …………………………………………………………………164, 170
 ―― スペクトル ……………………………………………………………165
生体材料 …………………………………………………………………………35
生体分子 …………………………………………………………………………35
生物学の法則 ……………………………………………………………………185

用語解説および事項索引

生物機械論 ……………………………………………………………………176
生命現象 ………………………………………………………………………178
生命とは何か …………………………………………………………………180
生命の駆動力 …………………………………………………………………32
ゼーマン効果 …………………………………………………………………85
セルロース ……………………………………………………………………52
染色体(chromosome) ………………………………………………………49
　　染色質(chromatin)が凝集したもので，DNA，ヒストン，RNA，タンパク質などからなり，細胞分裂時期に出現する独特の交差構造をもつ．
セントラルドグマ(central dogma) ……………………………………57, 156
　　核酸(DNAとRNA)からタンパク質の発現に向かう情報の流れが一方向であることを主張する分子生物学の教義．

そ

相対分子質量(relative molecular mass) ………………………………67
　　分子量ともいい，炭素同位体12Cの質量(12.0000 u)の1/12に対する相対値で表される無次元量．分子を構成する各原子の相対原子質量(原子量)から計算される分子の質量．原子量は，原子を構成する各同位体の質量と天然同位体存在度を重みとして計算した平均値なので，相対分子質量も平均値(平均質量)になる．
相補的塩基対 …………………………………………………………………60
相補的相互作用 ………………………………………………………………60
疎水結合 ………………………………………………………………………74
疎水性 ……………………………………………………………………67, 114
ソフトイオン化法(soft ionization method) ……………………………163
　　ペプチドやタンパク質分子を壊さずに気体状分子にして電荷を付与することのできる質量分析の技術．

た

ターン(turn) ……………………………………………………………112, 139
　　タンパク質の二次構造の一つ．αヘリックスやβストランドを接合して方向を変えさせ，タンパク質の折りたたみに寄与する．
ダイニン ………………………………………………………………………23
対流現象 ………………………………………………………………………184
多価プロトン化分子 …………………………………………………………160
多糖類 …………………………………………………………………………52
単位電荷 ………………………………………………………………………159
タンデムMS …………………………………………………………………165
タンデム型質量分離装置 ……………………………………………………158
単糖類 …………………………………………………………………………52

タンパク質イオン ……………………………………………69, 158
タンパク質結晶 ……………………………………………………80
タンパク質データバンク(PDB) …………………………97, 121
タンパク質のX線結晶構造解析 …………………………………155
タンパク質のNMR解析 …………………………………………155
タンパク質の質量 …………………………………………………74
　　── 分析 …………………………………………………155
タンパク質の同定 ……………………………………………164
タンパク質の二次構造 ………………………………………150
タンパク質の立体構造 …………………………………………79
タンパク質分子の表面 ………………………………………148
断片イオンの名称 ……………………………………………166

ち

チオレドキシン ………………………………………………148
地球の誕生 ……………………………………………………35
直線偏光 ………………………………………………………150

て

DNA・ヒストン複合体 ………………………………………50
停止コドン ……………………………………………………62
テイラーコーン ………………………………………………161
デオキシリボ核酸(deoxyribonucleic acid) ……………2, 13, 48, 128, 176
　　DNAのこと．染色体に存在する二本鎖のらせん構造体．生物の遺伝情報をもつ
　　化学的本体．
テスラ(tesla) …………………………………………………87
　　磁束密度のSI単位で，1テスラは10,000ガウスに等しい．
テトラメチルシラン …………………………………………88
電界強度 ………………………………………………………160
電荷数 z ………………………………………………………158
電気泳動 ………………………………………………………68
電気信号 ………………………………………………………46
電気素量 e ……………………………………………………159
電子遮蔽 ………………………………………………………87
転写(transcription) …………………………………13, 60, 128
　　DNAからRNAが合成される過程．
　　── 共役因子 …………………………………………128
　　── 後調節 ………………………………………………61
電子励起(electronic excitation) ……………………………151

原子，分子およびそれらのイオンの電子状態にエネルギーを与えて，エネルギーの低い状態から高い状態へ移行させること．

天然状態(native state) ······117, 139
　タンパク質が生体中で機能をもっているときの状態で，固有の立体構造をもつ．生の状態ともいう．

デンプン ······52

と

同位体イオン ······164
同位体組成 ······169
糖鎖 ······120
糖脂質(glycolipid) ······55
　脂質に糖鎖が共有結合した一群の物質．血液型は，結合する糖鎖の種類によって決められる．

糖質 ······52
糖タンパク質(glycoprotein) ······55, 124
　タンパク質に糖鎖が共有結合した一群の物質で，すべての細胞および唾液や血液に含まれている．糖鎖はタンパク質を構成するアミノ酸であるアスパラギン側鎖のアミド基($-CO-NH_2$)の窒素原子に結合したもの，トレオニン側鎖またはセリン側鎖の水酸基($-OH$)の酸素原子に結合したものがある．酵素のほとんどが糖タンパク質である．

等電点(isoelectric point) ······67, 69, 116
　溶液中でプロトンH^+と結合して正の電荷をもつ塩基性官能基(アミノ基など)やプロトンを放出して負の電荷をもつ酸性官能基(カルボン酸など)の両方または片方を含む物質において，その物質の総電荷をゼロにするような溶液の水素イオン濃度(pH)のこと．pIで表す．

等電点電気泳動(isoelectric focusing) ······69, 116
　水素イオン濃度(pH)の勾配をもつゲル中にタンパク質などの試料を入れ，pH勾配の方向に数kVの直流電圧を印加してゲル中の試料を電気的に移動させること．試料は等電点(pI)において停止する．

投与-応答曲線 ······135
ドデシル硫酸ナトリウム(SDS) ······74
ドメイン ······94, 109
トランスクリプトーム(transcriptome) ······57, 60
　DNAから転写をうけ生成したRNAの総体のこと．

トランスファーリボ核酸(transfer ribonucleic acid) ······21, 62
　転移RNAともいいtRNAと略される．リボソームでタンパク質が翻訳・合成されるとき，各コドンに相当するアミノ酸をリボソームまで運搬する物質．20種類のアミノ酸に応じた数だけある．

トリプシン ······171

な

内分泌かく乱物質 …………………………………………………………128
ナトリウムイオン ……………………………………………………………25
ナノマシン ………………………………………………………………………13
生の状態(native state) ………………………………………………117, 139
    天然状態に同じ．

に

二元論(dualism) ………………………………………………………………176
    生物を説明するときには，特に生きているものとしてのヒトは，"原子や分子からなる身体という機械的実体"と"思考や精神といった機能的要素"の二つからなるという考え方．
二次元NMR ……………………………………………………………………93
二次元電気泳動(two-dimensional electrophoresis) …………………76, 116
    生体中の特定の臓器などから取り出したタンパク質などの試料混合物を，等電点と質量の性質に応じて電気的に分離する手法．一次元目では等電点によって分離し，二次元目では質量によって分離する．
二次元ポリアクリルアミドゲル電気泳動 ……………………………………67
二次構造 ……………………………………………………………21, 94, 108
   ――解析 ………………………………………………………………150
   ――の量 ………………………………………………………………151
二重らせん(構造) ……………………………………………………48, 58, 176
尿素回路 ………………………………………………………………………181
人間機械論(theory of human machine) …………………………………176
    人間または生物は精密にできた複雑な機械であり，生命現象も物理と化学の法則で説明できるとする見方．この観点からいえば，DNAやタンパク質などの生体分子は生物機械を作り上げている単なる部品材料である．

ぬ

ヌクレオソーム …………………………………………………………………50
ヌクレオチド(nucleotide) ……………………………………………………48
    DNAまたはRNAの基本骨格で，塩基，五炭糖，リン酸からなる．塩基と五単糖からなる場合はヌクレオシドという．

ね

熱力学カップリング …………………………………………………………181
熱力学第二法則 ………………………………………………………………179

の

能動輸送(active transport) …………………………………………………186

主として生体膜を介して，プロトン H^+ やナトリウムイオン Na^+ などが濃度の低い側から高い側へ輸送される現象．そのままでは自由エネルギーの上り坂で自発的には進まないが，他の自発的過程で発生する自由エネルギーを利用して進むことができる．

は

働くナノ分子 ……………………………………………………………………21
発現(expression) …………………………………………………………… 2, 57
 DNA の遺伝情報に従って細胞内でタンパク質が合成されること．

ひ

非決定論 ………………………………………………………………………183
ヒストン(histone) ……………………………………………………………49
 核内に DNA と同量含まれるタンパク質．DNA はヒストンと結合してコンパクトに折りたたまれた構造となり，染色体を構成する．
非線形性 ………………………………………………………………………183
非線形非平衡系(nonlinear non-equilibrium system) ……………178, 179
 温度勾配や濃度勾配のある熱力学系において，それらの勾配(熱力学的力という)に比例する熱流束または拡散流束が生じている系を線形非平衡系といい，熱力学的力の増加とともに比例関係が大きく破れる系を非線形非平衡系という．例えば，流体系にかけられた温度勾配を増すときに，熱伝導だけでなくある臨界値において対流現象も現れるような系のこと．
左旋回 …………………………………………………………………………141
ヒトエストロゲン受容体 ………………………………………………120, 126
ヒトカルボニックアンヒドラーゼ II …………………………………………158
ヒトゲノムプロジェクト ………………………………………………………2
ヒドロキシドイオン ……………………………………………………31, 126
非平衡(non-equilibrium) …………………………………………… 182, 184
 気体や液体などの巨視的系の状態を単一の温度，圧力，濃度などの巨視的変数で表すことができず，系内にそれら変数の勾配が生じていること．
非平衡系の熱力学 ……………………………………………………………181
非平衡状態(non-equilibrium state) …………………………………26, 32, 186
 非平衡にある系の状態のこと．一般にはその状態は熱の輸送，運動量の輸送，化学成分の輸送などの巨視的な変化が生じている状態を指す．
ヒルプロット法 ………………………………………………………………137

ふ

フェノール水酸基 ……………………………………………………………131
フェロモン(pheromone) ………………………………………………………47
 動物体内で生合成され体外に分泌されて，同種個体に特定の行動や生理変化を

起こさせる物質．揮発性の炭化水素が代表的．
フォールディング（folding） ···65, 118, 141
　　タンパク質が一次構造から二次構造を経て，機能をもつ立体構造を形成する過程のこと．折りたたみともいう．
複合糖質 ···55
不斉炭素（asymmetric carbon） ···71, 141
　　四つの化学結合手をもつ炭素原子で，四つとも違う原子または官能基が結合しているときの炭素原子のこと．
負のエントロピー ··179
フラグメントイオン ··170
フラジェリン ··23
　　――系 ···24
プラズマ状態 ··36
ブラッグの条件 ··81
ブラッグ反射 ··81
プリオンタンパク質 ··152
フルオレセイン ··76
ブレンステッドの酸塩基平衡 ···68
プロテアソーム（proteasome） ··16
　　細胞内に存在し多くのタンパク質からなる複合体．不要になったタンパク質やできそこないのタンパク質を分解する機能をもつ．タンパク質分解工場に模せられる．
プロテオーム（proteome） ···2, 57
　　特定の生物種あるいは特定の臓器や細胞に発現してくるすべての成熟タンパク質のこと．
　　――解析 ··164
プロテオグリカン（proteoglycan） ··55
　　アミノ糖を含む酸性多糖（ムコ多糖）とタンパク質が共有結合した一種の糖タンパク質．
プロトン（proton） ···16, 36, 68, 126
　　水素原子（H）から電子（e-）が放出されてできる最も小さなイオン種．H^+で表し陽子ともいう．
プロトン化 ··71
　　――分子 ··163
プロトン濃度勾配 ··23
プロトンの解離 ··71
プロトンポンプ ··27
分岐構造 ···144
分岐鎖 ··146

分子エンジン ···13, 21, 23
分子間水素結合(inter-molecular hydrogen bond)·····················48, 58, 95
　分子と分子との間に形成される非共有結合で，典型的には水素原子と酸素原子
　との間で形成される．その際，水素原子を水素結合のドナー，酸素原子をアク
　セプターと呼ぶ．共有結合のエネルギー(C-H：87 kcal/mol，C-C：59 kcal/
　mol，O-H：110 kcal/mol)の約 1/10 程度の大きさ．
分子シャペロン(chaperonine) ···140
　タンパク質の立体構造や生体膜構造を形成または修復するのに必要なタンパク
　質で，シャペロニンともいう．
分子進化 ··35
分子生物学(molecular biology) ···3, 185
　生物および生命現象を，それを構成する分子の構造と機能，生命の設計図とい
　われる遺伝子，そして生物構造の最小単位である細胞から解明し説明しようと
　する学問．
分子内水素結合(intra-molecular hydrogen bond) ···············94, 95, 110, 139, 144
　一つの分子内にドナー(水素原子)とアクセプター(酸素原子が典型)の両方をも
　ち，その間に形成される非共有結合．タンパク質の二次構造の形成に重要な役
　割を果たしている結合．
分子モーター ···25

へ

平均質量(average mass) ···74, 164
　相対原子質量を使って計算した原子，分子，クラスターまたはそれらのイオン
　の質量．分子式と相対原子質量を使って計算した分子の質量は相対分子質量と
　いう平均質量になる．1個の原子，1個の分子，1個のクラスター，それらのイ
　オンの質量は，特定の同位体または同位体組成を指定して計算するが，平均質
　量は各同位体の天然同位体存在度を重みとして計算した加重平均である．
平衡状態 ···26
平面性の官能基 ···146
ペプチド(peptide) ··2, 68
　アミノ酸($H_2N-C_α(R)-COOH$)同士のアミノ基 H_2N- とカルボキシル基$-COOH$
　が脱水反応によって結合してできるペプチド結合(CO-NH)で結ばれた重合体の
　こと．長さによってポリペプチドと呼ばれたりオリゴペプチドと呼ばれたりす
　る．二つのアミノ酸が結合したジペプチドは $H_2N-C_α(R)-CO-NH-C_α(R)-$
　$COOH$ のように表される．
　――イオン ··158
ペプチドグリカン(peptideglycan) ···52, 55, 124
　糖鎖がペプチドに共有結合している糖ペプチドのこと．細胞壁の成分で，細胞
　壁の強度と形態を支えている．
ペプチド結合(peptide bond) ··64, 81, 110, 142

アミノ酸からペプチドが合成される際に脱水反応の起こる部位で，ペプチド主鎖のアミド結合 CO-NH のこと，すなわち炭素原子と窒素原子の共有結合のこと．

ペプチド主鎖 (peptide backbone) ……………………………………80, 110, 141, 144
　ペプチドの構造のなかでアミノ酸側鎖を除いた N 末端から C 末端へ向かう長い鎖部分のこと．タンパク質の主鎖に対しても使われる用語．

ペプチド断片イオン ……………………………………………………………………168

ペプチドマスフィンガープリンティング (peptide mass fingerprinting)………10, 167
　質量分析を使うタンパク質の同定法の一つ．

ヘム (heme) ……………………………………………………………………………101
　相対分子質量が 600〜900 程度のポルフィリンと鉄との配位化合物．ミオグロビンやヘモグロビンなどのタンパク質の空孔に非共有結合的に取り込まれ，タンパク質の機能発現に寄与する．ヘムを含むタンパク質からヘムを取り出すことをアポ化という．

ヘリックス ……………………………………………………………………………112

ベルーソフ-ジャボチンスキー反応 …………………………………………………184

偏光 (polarized light) ………………………………………………………………141
　直角座標系で光波が z 軸方向に進むとき，光波は進行方向に垂直な x-y 平面方向に振動しながら進む．このとき，x-y 平面の特定の方向にだけ振動している光波を偏光という．偏光には，その軌跡に応じて楕円偏光，直線偏光，円偏光がある．

変性 (denaturation) ……………………………………………………………………69
　タンパク質を構成するアミノ酸の側鎖を溶媒と効率よく接触させるために，立体構造をほどいて鎖状にすること．熱や圧力，化学物質などで変性を起こさせることができる．

ベンド (bend) ……………………………………………………………103, 112, 123, 139
　タンパク質の二次構造の一つ．ターンと同様，α ヘリックスや β ストランドを接合して方向を変えさせ，タンパク質の折りたたみに寄与する．

ほ

ポストソース分解 ……………………………………………………………………170

骨 ……………………………………………………………………………………………38

ポリアクリルアミド …………………………………………………………………75

ポリペプチド (polypeptide) ……………………………………………65, 94, 143
　通常 5 残基程度以上のアミノ酸からなるペプチドに対して使われる．それよりアミノ酸残基の少ないペプチドはオリゴペプチドという．

ホルムアルデヒド ………………………………………………………………………36

ホルモン (hormone) ……………………………………………21, 46, 47, 94, 113, 135
　生物体の内外で生産され分泌腺から放出される物質で，血液などに乗って運ばれ受容体と結合して生物の成長・分化などを誘起する．生物の恒常性を維持す

翻訳(translation) ···62
　　mRNAの塩基配列情報に従ってタンパク質が発現するとき，mRNAの三つの塩基の組(コドン)からアミノ酸へ読替えながらタンパク質が合成されること．
翻訳後修飾(posttranslational modification) ····························65, 136
　　タンパク質が翻訳合成された後，N末端，C末端，および各種アミノ酸側鎖がアセチル化，メチル化，リン酸化，糖鎖化などの修飾反応を受けること．タンパク質はこれらの修飾後に機能をもつようになる．

ま

膜タンパク質(membrane protein) ···45, 152
　　生体膜表面または膜に内在するタンパク質．受容体やイオン輸送を担うタンパク質などがある．
マグネシウム2価イオン ··31
マススペクトル(mass spectrum) ··156
　　質量スペクトルともいう．質量分析によって得られる棒グラフ状のスペクトルのこと．横軸はイオンの質量電荷比(m/z)を表し，縦軸は各イオンの相対存在量を表す．
マトリックス支援レーザー脱離イオン化(MALDI) ·······················10, 158
　　——マススペクトル ··158

み

ミオグロビン ··21, 83
ミオシン(myosin) ···23, 41, 98, 114
　　主として筋肉の収縮を司る構造タンパク質の一つ．ミオシンの頭部はATPの加水分解を触媒する酵素機能をもつ．
ミオシンフィラメント(myosin filament) ···41
　　ミオシンがより合わさった重合体で，筋原繊維のなかの太いフィラメントともいう．
右旋回 ··141
水の臨界温度 ···36
ミセル ··74
ミトコンドリア(mitochondrion) ···13, 27
　　細胞内にありATPを合成する機能をもつ小器官．

む

無機リン酸(Pi) ···27

め

メチル化(methylation) ···65

翻訳後修飾の一つ．タンパク質が翻訳合成された後に起こるメチル化反応．
メチレン ……………………………………………………………………144
メッセンジャーリボ核酸(messenger ribonucleic acid) ………………13, 57, 128
　　伝令RNAともいいmRNAと略される．DNAから転写されて生成した一本鎖
　　RNAのこと．転写直後のものとスプライシング調節を受けた後のものがある．
　　通常は後者をmRNAといい，タンパク質を翻訳合成するための直接の遺伝子情
　　報をもつ．

も

モノアイソトピック質量 ………………………………………………………164
モルテングロビュール(molten globule) ………………………………117, 139, 140
　　タンパク質のフォールディングにおいて，二次構造から天然構造の三次構造に
　　至る途中の中間体．天然の状態と同様のコンパクトさをもつと仮定されている．

ゆ

誘導フィッティング ……………………………………………………………120
ユビキチン ……………………………………………………………………17, 94
揺らぎ …………………………………………………………………………183

よ

溶液中構造 ……………………………………………………………………93
陽極線 …………………………………………………………………………6
要素還元主義(reductionism) …………………………………………………175
　　デカルト主義ともいう．物質でも概念でも複雑なものはその要素に分けて単純
　　化し，理解し得る最も単純な要素から複雑なものを理解しようとする考え方．
　　生物が原子や分子などの部品からなる複雑な機械であるという生物機械論の根
　　底にある考え方．
溶融状態(モルテングロビュール) ………………………………………117, 139, 140
四次構造 ………………………………………………………………………108

ら

らせんの1回転(1ピッチ) ……………………………………………………143
ラングミュアープロット法 ……………………………………………………136

り

リガンド(ligand) ……………………………………………………94, 113, 119, 135
　　受容体や酵素と特異的に結合する物質のこと．神経伝達物質やホルモンなどと
　　結合する物質が典型で，比較的小さな質量の化学物質であることが多い．
リソソーム(lysosome) …………………………………………………………16

細胞中にある小器官で，不要なタンパク質や糖鎖などを加水分解(消化)する機能をもつ．

リゾチーム(lysozyme) ……………………………………………………83, 120
動植物に広く存在する消化酵素で，細菌の細胞壁などを構成する糖鎖を加水分解し殺菌するため風邪薬としても処方される．典型的な塩基性タンパク質で卵白リゾチームが有名．

立体構造 ………………………………………………………………21, 115, 141
立体障害 ………………………………………………………………………146
リボ核酸(ribonucleic acid) ……………………………………………………49, 57
RNAのこと．DNAから転写によってつくられ，タンパク質の合成に関与している．DNAとの違いは，リボース(五炭糖)の2′位に水酸基が結合していること，およびDNAを構成する塩基のチミン(T)がRNAではウラシル(U)になっていること．

リボソーム(ribosome) ……………………………………………………13, 128
細胞内にあるタンパク質を翻訳合成する粒子で，タンパク質とリボソームリボ核酸からできている．すべての細胞とミトコンドリアと葉緑体中に存在し，タンパク質の合成工場といわれる．

　　70 S ────────────────────────────14
　　──── リボ核酸(ribosomal ribonucleic acid) ……………………………13
細胞内に最も多く存在しリボソームを構成するRNAのこと．rRNAと略される．

リボヌクレアーゼA ……………………………………………………………117
両親媒性 …………………………………………………………………………74
リン酸化(phosphorylation) ………………………………………………54, 65
翻訳後修飾の一つ．タンパク質が翻訳合成された後，セリンやトレオニンと共有結合する反応．代謝反応の多くが酵素のリン酸化と脱リン酸化によって調節されている．

リン酸基 …………………………………………………………………………30

材料学シリーズ　監修者

堂山昌男	小川恵一	北田正弘
東京大学名誉教授	横浜市中央図書館館長	東京芸術大学教授
帝京科学大学名誉教授	元横浜市立大学学長	工学博士
Ph. D., 工学博士	Ph. D.	

著者略歴

高山光男（たかやま　みつお）
1955 年　群馬県生まれ
1980 年　工学院大学工学部工業化学科化学工学コース卒業
1980 年　東邦大学薬学部　研究補助員
1990 年　薬学博士（東邦大学）
2000 年　東邦大学薬学部　上席技術専門員，助教授を経て
2001 年　横浜市立大学大学院総合理学研究科　助教授，教授を経て
2005 年　公立大学法人横浜市立大学大学院　国際総合科学研究科　教授　現在に至る
著　書：「ゲノミクス・プロテオミクスの新展開」エヌ・ティー・エス（2004，分担），「ポストゲノム・マススペクトロメトリー」化学同人（2003，分担），「プロテオミクス」東京化学同人（2002，分担），「New Advances in Analytical Chemistry Vol. 3」Taylor & Francis（2002，分担），「これならわかるマススペクトロメトリー」化学同人（2001，共著），「New Advances in Analytical Chemistry Vol. 1」Gordon and Breach Science（2000，分担），ほか．
専　門：質量分析学におけるイオン化と気相イオン分解の物理化学．応用は有機化合物の構造研究，フラーレンの研究，タンパク質の研究．現在の興味は，水および湿度環境に関連する大気イオン化現象の基礎と応用．

2006 年 3 月 31 日　第 1 版発行

検印省略

材料学シリーズ
タンパク質入門
その化学構造とライフサイエンスへの招待

著　者©	高　山　光　男	
発行者	内　田　　　悟	
印刷者	山　岡　景　仁	

発行所　株式会社　内田老鶴圃　〒112-0012 東京都文京区大塚 3 丁目 34 番 3 号
電話（03）3945-6781（代）・FAX（03）3945-6782
印刷・製本/三美印刷 K.K.

Published by UCHIDA ROKAKUHO PUBLISHING CO., LTD.
3-34-3 Otsuka, Bunkyo-ku, Tokyo, Japan

U. R. No. 544-1
ISBN 4-7536-5626-8 C3040

材料学シリーズ　堂山昌男・小川恵一・北田正弘　監修　各 A5 判

金属電子論　上・下	水谷宇一郎著	上・276p.・3150円　下・272p.・3360円
結晶・準結晶・アモルファス	竹内　伸・枝川圭一著	192p.・定価3360円
オプトエレクトロニクス	水野博之著	264p.・定価3675円
結晶電子顕微鏡学	坂　公恭著	244p.・定価3780円
X線構造解析	早稲田嘉夫・松原英一郎著	308p.・定価3990円
セラミックスの物理	上垣外修己・神谷信雄著	256p.・定価3780円
水素と金属	深井　有・田中一英・内田裕久著	272p.・定価3990円
バンド理論	小口多美夫著	144p.・定価2940円
高温超伝導の材料科学	村上雅人著	264p.・定価3780円
金属物性学の基礎	沖　憲典・江口鐵男著	144p.・定価2415円
入門 材料電磁プロセッシング	浅井滋生著	136p.・定価3150円
金属の相変態	榎本正人著	304p.・定価3990円
再結晶と材料組織	古林英一著	212p.・定価3675円
鉄鋼材料の科学	谷野　満・鈴木　茂著	304p.・定価3990円
人工格子入門	新庄輝也著	160p.・定価2940円
入門　結晶化学	庄野安彦・床次正安著	224p.・定価3780円
入門　表面分析	吉原一紘著	224p.・定価3780円
結 晶 成 長	後藤芳彦著	208p.・定価3360円
金属電子論の基礎	沖　憲典・江口鐵男著	160p.・定価2625円
金属間化合物入門	山口正治・乾　晴行・伊藤和博著	164p.・定価2940円
液晶の物理	折原　宏著	264p.・定価3780円
半導体材料工学	大貫　仁著	280p.・定価3990円
強相関物質の基礎	藤森　淳著	268p.・定価3990円
燃 料 電 池	工藤徹一・山本　治・岩原弘育著	256p.・定価3990円

生 物 学 史 展 望

井上清恒　著
A5判・448頁・定価6090円（本体5800円＋税5%）

化学の目でみる物質の世界

伊佐・内田・関崎・本浄・増田・宮城　共著
B5判・240頁・定価2625円（本体2500円＋税5%）

Sneath & Sokal : Numerical Taxonomy
数 理 分 類 学

西田英郎・佐藤嗣二　共訳
A5判・700頁・定価15750円（本体15000円＋税5%）

Allen & Thomas : The Structure of Materials
物 質 の 構 造

斎藤秀俊・大塚正久　共訳
A5判・548頁・定価9240円（本体8800円＋税5%）

表示の価格は税込定価（本体価格＋税5%）です。